高等职业教育工程造价专业
教学基本要求

全国住房和城乡建设职业教育教学指导委员会
工程管理类专业指导委员会 编制

中国建筑工业出版社

图书在版编目（CIP）数据

高等职业教育工程造价专业教学基本要求/全国住房和城乡建设职业教育教学指导委员会工程管理类专业指导委员会编制. —北京：中国建筑工业出版社，2018.2

ISBN 978-7-112-21751-9

Ⅰ. ①高…　Ⅱ. ①全…　Ⅲ. ①建筑造价-高等职业教育-教学参考资料　Ⅳ. ①TU723.3

中国版本图书馆 CIP 数据核字（2020）第 002922 号

责任编辑：张　晶　吴越恺
责任校对：张　颖

高等职业教育工程造价专业教学基本要求

全国住房和城乡建设职业教育教学指导委员会
工程管理类专业指导委员会 编制

*

中国建筑工业出版社出版、发行(北京海淀三里河路 9 号)

各地新华书店、建筑书店经销

北 京 红 光 制 版 公 司 制 版

北京市密东印刷有限公司印刷

*

开本：787×1092 毫米　1/16　印张：16　字数：358 千字
2020 年 5 月第一版　　2020 年 5 月第一次印刷
定价：**48.00** 元
ISBN 978-7-112-21751-9
(31587)

工程管理类专业教学基本要求审定委员会名单

主　任：胡兴福

副主任：黄志良　贺海宏　银　花　郭　鸿

秘　书：袁建新

委　员：（按姓氏笔画排序）

王　斌　　王立霞　　文桂萍　　田恒久　　华　均

刘小庆　　齐景华　　孙　刚　　吴耀伟　　何隆权

陈安生　　陈俊峰　　郑惠虹　　胡六星　　侯洪涛

夏清东　　郭起剑　　黄春蕾　　程　嫒

出 版 说 明

针对土建类高等职业教育规模迅猛发展，但各院校的土建类专业发展极不平衡，办学条件和办学质量参差不齐，部分院校的人才培养质量难以让行业企业满意的实际，原高职高专教育土建类专业教学指导委员会（以下简称土建教指委）于 2010 年启动了新一轮专业教育标准的研制，名称定为"专业教学基本要求"。在住房和城乡建设部的领导下，在土建教指委的统一组织和指导下，由各分指导委员会具体组织全国不同区域的相关高等职业院校专业带头人和骨干教师分批进行专业教学基本要求的开发。2012 年底，完成了第一批 11 个专业教学基本要求的研制工作，到 2014 年，共完成 17 个专业教学基本要求的研制，由中国建筑工业出版社面向全国出版发行。这批专业教育标准的出版，对于规范土建类专业教学行为、促进专业建设和改革发挥了重要作用。

近年来，特别是党的十九大以来，新型城镇化同新型工业化、信息化、农业现代化一起成为国家战略，住房城乡建设领域面临空前的发展机遇与挑战，土建类高职教育也出现了许多新变化：一是新技术、新工艺、新材料、新设备不断涌现；二是各院校在专业教学改革上形成了许多新的成果；三是《普通高等学校高等职业教育（专科）专业目录（2015版）》的颁布实施，土建类专业由原来的 27 个增加到 32 个。这些变化都对土建类技术技能人才的培养提出了新期盼和新要求，原来研制的专业教学基本要求已不能完全适应新的形势。有鉴于此，2015 年，全国住房和城乡建设职业教育教学指导委员会（以下简称住房城乡建设行指委）组织开展了第二轮教学基本要求的制（修）订工作。到 2017 年，第一批 6 个专业教学基本要求已完成制（修）订。

本轮专业教学基本要求集中体现了住房城乡建设行指委对教育标准的改革思想，保持了第一轮专业教学基本要求的特点，同时增加了《顶岗实习标准》和专业方向。

受住房城乡建设行指委委托，中国建筑工业出版社负责本轮土建类各专业教学基本要求的出版发行。

各个时期对土建类技术技能人才的期盼和要求不同，各院校也在不断地积累教育教学经验，专业建设永远在路上。希望各院校在使用过程中注意收集意见和建议，并及时向住房城乡建设行指委反馈。

土建类各专业教学基本要求是住房城乡建设行指委委员和参与这项工作的教师集体智慧的结晶，谨此表示衷心的感谢。

全国住房和城乡建设职业教育教学指导委员会

2017 年 12 月

前　言

　　《高等职业教育工程造价专业教学基本要求》是根据教育部与住房和城乡建设部的有关要求，在全国住房和城乡建设职业教育教学指导委员会领导下，由工程管理类专业指导委员组织编写。

　　本教学基本要求编制过程中，对职业岗位、专业人才培养目标与规格、专业知识体系与专业技能体系等开展了广泛调查研究，认真总结实践经验，经过广泛征求意见和多次修订而定稿。本要求是高等职业教育工程造价专业建设的指导性文件。

　　本教学基本要求主要内容是：专业名称及方向、专业代码、招生对象、学制与学历、就业面向、培养目标与规格、职业证书、教育内容及标准、专业办学基本条件和教学建议、继续学习深造建议；包括工程造价专业教学基本要求实施实例、高等职业教育工程造价专业校内实训及校内实训基地建设导则、高等职业教育工程造价专业顶岗实习标准三个附录。

　　本教学基本要求主要适用于以普通高中毕业生为招生对象、三年学制的工程造价专业，教育内容包括知识体系和技能体系，倡导各学校根据自身条件和特色构建校本化的课程体系，课程体系应覆盖知识、技能体系的知识、技能单元，尤其是核心知识、技能单元，倡导工学结合、理实一体的课程模式。

　　主 编 单 位：四川建筑职业技术学院、广西建设职业技术学院

　　参 编 单 位：黑龙江建筑职业技术学院、山西建筑职业技术学院

　　主要起草人员：袁建新　侯　兰　代端明　李剑心　金锦花　王　巍

　　主要审查人员：胡兴福　文桂萍　贺海宏　郭　鸿　黄志良　银　花　王　斌

　　　　　　　　　王立霞　田恒久　华　均　刘小庆　齐景华　孙　刚　吴耀伟

　　　　　　　　　何隆权　陈安生　陈俊峰　郑惠虹　胡六星　侯洪涛　夏清东

　　　　　　　　　郭起剑　黄春蕾　程　媛

　　专业指导委员会衷心地希望，全国各有关高职院校能够在文本的原则性指导下，进行积极的探索和深入的研究，为不断完善工程造价专业的建设与发展作出自己的贡献。

全国住房和城乡建设职业教育教学指导委员会

工程管理类专业指导委员会

目　　录

高等职业教育工程造价专业教学基本要求

1 专业名称及方向

专业名称：工程造价

专业方向：（1）建筑工程造价

（2）安装工程造价

（3）市政工程造价

（4）园林工程造价

2 专业代码

540502

3 招生对象

普通高中毕业生

4 学制与学历

三年制，专科

5 就业面向

5.1 就业职业领域

面向建设单位、设计单位、房地产开发企业、施工企业、工程造价咨询、招标代理、工程监理、工程项目管理等企业。

5.2 初始就业岗位群

主要职业岗位造价员，相近职业岗位资料员。

5.3 发展或晋升岗位群

从事工程造价专业工作5年后，可以通过国家执业资格考试，获得造价工程师工作的有关岗位。

6 培养目标与规格

6.1 培养目标

本专业培养德、智、体、美全面发展，践行社会主义核心价值观，具有一定文化水平、良好职业道德和人文素养，牢固掌握工程造价基础理论与方法和专业技术技能，面向建设单位、施工企业，工程造价咨询、招标代理、工程监理、工程项目管理等中介机构及企事业单位工程造价岗位，能够从事施工图预算、工程量清单报价、工程结算编制和工程造价管理工作的高素质技术技能人才。

6.2 人才培养规格

6.2.1 专业平台培养规格

1. 基本素质

（1）思想政治素质：热爱社会主义祖国，能够准确理解和把握社会主义核心价值观的深刻内涵和实践要求，具有科学的世界观、人生观、价值观。

身体素质：健康的体魄，良好的心理。

（2）文化素质：必要的人文社会科学知识、良好的语言表达能力和社交能力，熟练的计算机应用能力，健全的法律意识，有一定创新精神和创业能力。

（3）职业素质：良好的职业道德和诚信品质，严格遵守国家有关工程造价的法律法规，较强的敬业精神和责任意识，实事求是编制工程造价文件，工作精益求精、保密意识强，能与团队协作运用现代信息化手段，创新完成高质量的工程造价各项工作任务。

（4）身心素质：积极锻炼身体和不断提高抗压能力，保持健康的身体素质和心理素质，能够达到《国家学生体质健康标准》的要求，具备短期内高强度工作的体质。

（5）职业态度：积极进取、工作态度认真、踏实肯干、责任心强、并有很强的团队合作精神与合作能力、注重工作效率、个性独立、性格开朗、做事果断有主见、时间观念强。且具备优秀的表达能力，具有较好的学习能力和接受新鲜事物的能力，富有开拓意识，注意细节，有很好的心理承受能力。

2. 知识要求

理解常用工程材料及制品的名称、规格性能、质量标准、检验方法、储备保管、使用等方面的知识；了解投影原理，熟悉制图标准和施工图的绘制方法；了解主要分部分项工程的施工工艺、程序、质量标准；了解管理原理，掌握建筑工程项目管理的一般内容和方法；理解工程施工组织设计的内容和编制方法；掌握工程资料的收集、分析、使用的知识与方法。

熟悉工程造价原理、工程造价的程序；掌握工程造价管理基本知识与方法；熟悉主流BIM造价软件使用方法；熟悉计价定额编制知识与方法；掌握编制施工图预算、工程量清单报价、工程结算编制的原理与方法；理解统计学的一般原理，掌握建筑统计的基本方法；了解经济法的基础知识，理解与建筑市场相关的常用建设、经济法规。

3. 能力要求

能结合工程施工生产活动过程，从事工程造价计价和管理工作，参与工程项目管理，完成资料管理、工程索赔及工程结算等工作。

能运用市场经济、建筑经济基本原理分析和解决工程造价管理工作中的一般问题；能进行建筑统计主要指标的计算和初步分析；能在工程造价管理工作中依法办事。

能使用BIM造价手段，依据计价定额和工程造价有关规定，熟练地编制施工图预算、工程量清单报价；能与团队合作熟练地完成工程投标报价的各项工作；能熟练地处理工程索赔方面的各项工作；会编制工程结算。

能参与企业基层组织经营管理和施工项目管理，完成工程造价管理的各项工作。

6.2.2 建筑工程造价专业方向培养规格

1. 基本素质

同专业平台培养规格的素质要求。

2. 知识要求

理解常用建筑、装饰材料及制品的名称、规格性能、质量标准、检验方法、储备保管、使用等方面的知识；了解投影原理，熟悉建筑制图标准和建筑施工图的绘制方法，理解工业与民用建筑、结构的一般构造；了解一般工业与民用建筑各主要分部分项工程的施工工艺、程序、质量标准；了解建筑工程室内给水排水、供暖、电气照明工程主要设备的性能、系统组成、工作原理和施工工艺。

理解建筑经济的基本知识；理解统计的一般原理，掌握建筑统计的基本方法；了解经济法的基础知识，理解与建筑市场相关的常用建设、经济法规。

了解管理原理，掌握建筑工程项目管理的一般内容和方法；理解建筑工程施工组织设计的内容和编制方法。

3. 能力要求

能结合建筑工程施工生产活动过程，从事建筑工程造价计价和管理工作，参与建筑工程项目管理，完成建筑工程索赔及建筑工程结算等工作。

能运用市场经济、建筑经济基本原则分析和解决建筑工程造价管理工作中的一般问题；能进行建筑统计主要指标的计算和初步分析；能在工程造价管理工作中依法办事。

掌握建筑工程定额的原理和应用方法；掌握建筑、装饰、安装工程预算和结算的编制程序和方法；掌握建设工程工程量清单计价的理论与方法；掌握BIM造价软件的使用方法；熟悉工程招、投标的程序；熟悉工程造价管理的基本方法。

能熟练地使用建筑工程计价定额，编制建筑工程施工图预算；能熟练地应用建筑工程计价定额或企业定额编制建筑工程量清单报价；掌握工程造价应用程序，会用计算机编制预算、工程量清单报价；能熟练地完成建筑工程投标报价的各项工作；能熟练地处理建筑工程索赔方面的各项工作；会编制工程结算。

4. 职业态度

同专业平台职业态度要求。

6.2.3　安装工程造价专业方向培养规格

1. 基本素质

同专业平台基本素质要求。

2. 知识要求

了解常用的安装工程的设备、材料及制品的名称、规格性能、质量标准、检验方法、储备保管、使用等方面的知识；了解投影原理，熟悉建筑制图标准和安装工程施工图的绘制方法；熟悉安装工程中各主要分部分项的施工工艺、程序、质量标准；掌握工程造价计价基本原理、工程量计算规则和计算方法。

了解管理原理，掌握安装工程项目管理的一般内容和方法；理解安装工程施工组织设计的内容和编制方法。

3. 能力要求

能结合安装工程施工生产活动过程，从事安装工程造价计价和控制工作，参与工程项目管理，完成工程索赔及工程结算等工作。

能运用市场经济、建筑经济基本原理分析和解决安装工程造价管理工作中的一般问题；能进行建筑统计主要指标的计算和初步分析；能在安装工程造价管理工作中依法办事。

掌握安装工程定额的原理和应用方法；掌握安装工程中安装预算和结算的编制程序和方法；掌握安装工程造价所需的 BIM 技术；熟悉安装工程招标投标的程序；熟悉安装工程造价控制的基本方法。

能熟练地使用安装工程预算定额，编制安装工程预算；能熟练地应用安装工程消耗量定额编制安装工程量清单报价；掌握安装工程造价应用软件，能用 BIM 技术建（翻）模和编制安装预算、工程量清单、招标控制价和投标报价；能熟练地完成安装工程投标报价的各项工作；能熟练地处理安装工程索赔方面的各项工作；能熟练地编制安装工程结算。

能参与企业基层组织经营管理和安装工程施工项目管理。

4. 职业态度

同专业平台职业态度要求。

6.2.4　市政工程造价专业方向培养规格

1. 基本素质

同专业平台培养规格的素质要求。

2. 知识要求

理解常用市政工程材料及制品的名称、规格性能、质量标准、检验方法、储备保管、使用等方面的知识；了解测量基础知识，熟悉市政工程中常用的测量方法；了解投影原理，熟悉建筑制图标准和市政工程中道路工程、桥涵工程、管道工程施工图的绘制方法，理解市政工程中道路工程、桥涵工程、管道工程的一般构造；了解市政工程中道路工程、桥涵工程、管道工程各主要分部分项工程的施工工艺、程序、质量标准。

了解管理原理，掌握市政工程项目管理的一般内容和方法；理解市政工程施工组织设计的内容和编制方法。

能结合市政工程施工生产活动过程，从事市政工程工程造价计价和控制工作，参与工程项目管理，完成工程索赔及工程结算等工作。

能运用市场经济、建筑经济基本原理分析和解决工程造价管理工作中的一般问题；能进行建筑统计主要指标的计算和初步分析；能在工程造价管理工作中依法办事。

3. 能力要求

掌握市政工程定额的原理和应用方法；掌握市政工程中土方工程、道路工程、桥涵工程、管道工程预算和结算的编制程序和方法；掌握市政工程中土方工程、道路工程、桥涵工程、管道工程程量清单计价的理论与方法；掌握市政工程造价所需的 BIM 技术；熟悉工程招标投标的程序；熟悉工程造价控制的基本方法。

能熟练地使用市政工程计价定额，编制市政工程施工图预算、市政工程量清单报价；掌握工程造价应用软件，能用 BIM 软件建（翻）模和编制市政工程招标控制价和市政工程投标报价；能熟练地完成市政工程投标报价的各项工作；能熟练地处理市政工程索赔方面的各项工作；能熟练地编制市政工程结算。

能参与市政工程企业基层组织经营管理和施工项目管理。

4. 职业态度

同专业平台职业态度要求。

6.2.5 园林工程造价专业方向培养规格

1. 基本素质

同专业平台基本素质要求。

2. 知识要求

理解常用园林工程材料及制品的名称、规格性能、质量标准、检验方法、储备保管、使用等方面的知识；了解园林工程测量基础知识，熟悉园林工程中常用的测量方法；了解投影原理，熟悉建筑制图标准和园林工程中地形改造的土方工程，掇山、置石工程，园林理水工程和园林驳岸工程、喷泉工程、园林的给水排水工程、园路工程、种植工程施工图的绘制方法，熟悉掇山、置石工程，园林理水工程和园林驳岸工程、喷泉工程、园林的给水排水工程、园路工程的一般构造；了解掇山、置石工程，园林理水工程和园林驳岸工程、喷泉工程、园林的给水排水工程、园路工程各主要分部分项工程的施工工艺、程序、质量标准。

了解管理原理，熟悉园林工程项目管理的一般内容和方法；理解园林工程施工组织设计的内容和编制方法。熟悉园林工程预算、工程量清单报价、工程结算编制方法。

3. 能力要求

能结合园林工程施工生产活动过程，从事园林工程造价计价和控制工作，参与园林工程项目管理，完成园林工程索赔及园林工程结算等工作。

能运用市场经济、建筑经济基本原理分析和解决园林工程造价管理工作中的一般问题；能进行建筑统计主要指标的计算和初步分析；能在园林工程造价管理工作中依法办事。

掌握园林工程定额的原理和应用方法；掌握园林工程预算和结算的编制程序和方法；掌握建设工程工程量清单计价的理论与方法；掌握园林工程造价软件的使用方法；熟悉园林工程招标投标的程序；熟悉园林工程造价控制的基本方法。

能熟练地使用园林工程计价定额，编制园林工程施工图预算；能熟练地应用园林工程消耗量定额或企业定额编制园林工程量清单报价；掌握园林工程造价应用程序，能用 BIM 技术建（翻）模和编制园林工程施工图预算、园林工程量清单报价；能熟练地完成园林工程投标报价的各项工作；能熟练地处理园林工程索赔方面的各项工作；能够编制园林工程结算；能参与园林企业基层组织经营管理和园林工程施工项目管理。

4. 职业态度

同专业平台职业态度要求。

7 职业证书

初始证书：全国建设工程造价员

8 教育内容及标准

8.1 专业教育内容体系框架

8.1.1 建筑工程造价专业

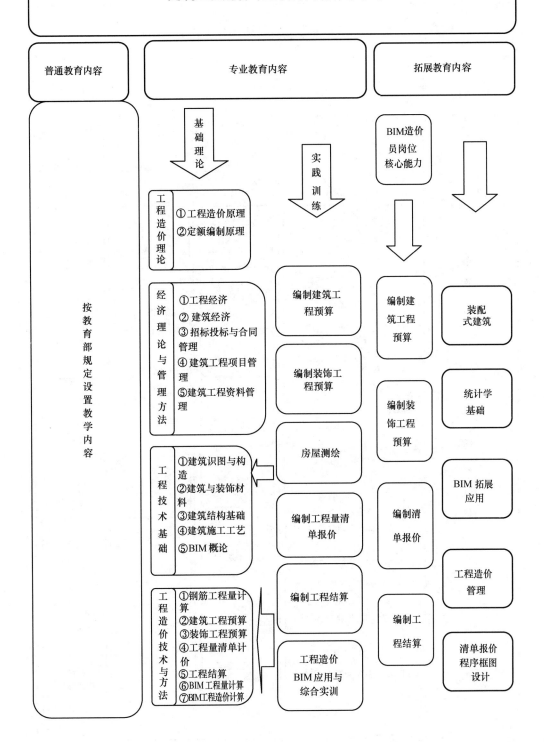

建筑工程造价专业教育内容体系框架

| 普通教育内容 | 专业教育内容 | 拓展教育内容 |

基础理论

实践训练

BIM造价员岗位核心能力

按教育部规定设置教学内容

工程造价理论
①工程造价原理
②定额编制原理

经济理论与管理方法
①工程经济
②建筑经济
③招标投标与合同管理
④建筑工程项目管理
⑤建筑工程资料管理

工程技术基础
①建筑识图与构造
②建筑与装饰材料
③建筑结构基础
④建筑施工工艺
⑤BIM概论

工程造价技术与方法
①钢筋工程量计算
②建筑工程预算
③装饰工程预算
④工程量清单计价
⑤工程结算
⑥BIM工程量计算
⑦BIM工程造价计算

编制建筑工程预算

编制装饰工程预算

房屋测绘

编制工程量清单报价

编制工程结算

工程造价BIM应用与综合实训

编制建筑工程预算

编制装饰工程预算

编制清单报价

编制工程结算

装配式建筑

统计学基础

BIM拓展应用

工程造价管理

清单报价程序框图设计

8.1.2 安装工程造价专业

```
┌─────────────────────────────────────────────────────────────────┐
│              安装工程造价专业教育内容体系框架                        │
└─────────────────────────────────────────────────────────────────┘
```

普通教育内容	专业教育内容			拓展教育

按教育部要求设置教学内容	基础理论	实践训练	造价员岗位核心能力	工程项目全过程管理
	1.工程造价理论 1）工程造价原理 2）定额编制原理	安装工程识图与算量	安装工程工程量清单的编制	安装工程新工艺新技术
	2.经济理论与管理方法 1）工程经济 2）建筑经济 3）招标投标与合同管理 4）工程项目管理 5）工程资料管理	安装工程资料管理 安装工程定额计价书	安装工程招标控制价的编制	工程造价控制
			安装工程投标报价书的编制	市政工程计价
	3.工程技术基础 1）安装工程识图与施工工艺 2）安装工程常用材料 3）安装工程施工管理 4）安装工程资料管理	安装工程清单计价书编制 安装工程结算书编制	安装工程结算书的编制	建筑与装饰工程计价
	4.工程造价技术与方法 1）安装工程工程量计算 2）安装工程工程量清单计价 3）安装工程结算 4）安装工程算量与计价软件	安装工程算量与计价软件应用 认识实习 安装工程造价综合实训	安装工程算量与计价软件的应用	安装工程相关BIM软件应用

8.1.3 市政工程造价专业

```
┌─────────────────────────────────────────────────────────────────────┐
│                    市政工程专业教育内容体系框架                          │
└─────────────────────────────────────────────────────────────────────┘

┌──────────────┐  ┌──────────────────────┐  ┌──────────────────────────┐
│  普通教育内容  │  │      专业教育内容      │  │      拓展教育内容          │
└──────────────┘  └──────────────────────┘  └──────────────────────────┘
```

普通教育内容	专业教育内容		拓展教育内容	
	基础理论	实践训练	造价员岗位核心能力	绿色建筑
按教育部规定设置教学内容	1.工程造价理论 1）工程造价原理 2）定额编制原理	市政工程识图与抄绘	编制市政工程预算	统计学基础
	2.经济理论与管理方法 1）工程经济 2）建筑经济 3）招投标与合同管理 4）工程项目管理 5）工程资料管理	市政材料检测 编制市政工程预算	编制工程量清单	国学
	3.工程技术基础 1）市政工程识图与构造 2）市政工程材料 3）市政工程测量 4）市政道路工程结构与施工 5）市政桥梁工程结构与施工 6）市政管网工程结构与施工	编制工程量清单计价 编制市政工程结算	编制清单计价 编制工程结算	工程造价管理 市政工程力学与结构
	4.工程造价技术与方法 1）市政钢筋工程量计算 2）市政工程预算 3）工程量清单计价 4）市政工程结算 5）市政工程建(翻)模软件 6）市政工程造价及管理软件	市政工程建(翻)模软件应用 市政工程造价及管理软件应用 市政工程造价综合实训	应用BIM建(翻)模软件 应用BIM造价及管理软件	工程地质 土力学与地基基础

8.1.4 园林工程造价专业

园林工程造价专业教育内容体系框架			
普通教育内容	专业教育内容		拓展教育内容

按教育部规定设置教学内容

专业教育内容

基础理论

1.工程造价理论
1)工程造价原理
2)定额编制原理

2.经济理论与管理方法
1)工程经济
2)建筑经济
3)招投标与合同管理
4)工程项目管理
5)工程资料管理

3.工程技术基础
1)园林工程识图与构造
2)园林工程材料
3)园林工程测量
4)园林道路施工
5)园林景观施工
6)园林种植施工

4.工程造价技术与方法
1)园林工程量计算
2)园林工程预算
3)园林工程量清单计价
4)园林工程结算
5)园林工程建(翻)模软件
6)园林工程造价及管理软件

实践训练

园林工程识图与抄绘

园林工程材料检测

园林工程预算编制

园林工程量清单计价编制

园林工程结算编制

园林工程建(翻)模软件应用

园林工程造价及管理软件应用

园林工程造价综合实训

造价员岗位核心能力

编制园林工程预算

编制园林工程量清单

编制园林工程清单报价

编制园林工程结算

BIM建(翻)模软件应用

BIM造价及管理软件应用

绿色建筑

统计学基础

BIM拓展

工程造价管理

景观设计初步

种植栽培技术

园艺

8.2 专业教学内容及标准

8.2.1 专业知识、技能体系一览

1. 专业知识体系一览

（1）工程造价专业平台知识体系一览

工程造价专业平台知识体系一览表　　　　　　　　　　表 1

知 识 领 域	知 识 单 元		知 识 点
1. 工程造价原理	核心知识单元	（1）工程计价原理	1）定额计价方式
			2）清单计价方式
			3）建筑产品特性
			4）工程造价计价理论
		（2）工程单价	1）人工单价编制
			2）材料单价编制
			3）机械台班单价编制
		（3）计价方法	1）投资估算方法
			2）设计概算方法
			3）施工图预算方法
			4）工程结算方法
			5）清单计价方法
		（4）技术测定法	1）施工过程
			2）工作时间
			3）测时法
			4）写实记录法
			5）工作日写实法
		（5）定额编制方法	1）人工定额编制方法
			2）材料消耗定额编制方法
			3）机械台班定额编制方法
			4）企业定额编制方法
			5）预算定额编制方法
			6）概算定额编制方法
2. 经济理论与管理方法	核心知识单元	（1）建设项目评价原理与指标	1）现金流量计算方法
			2）资金时间价值计算方法
			3）经济评价基本原理
			4）基本指标及方法
		（2）建设项目评价内容与方法	1）项目国民经济评价内容及方法
			2）项目多方案经济比较与选择方法
			3）工程项目可行性分析内容及方法
			4）工程项目后评价内容及方法

11

知识领域	知识单元	知识单元	知识点
2. 经济理论与管理方法	核心知识单元	（3）建筑业概述	1）建筑业
			2）建筑活动的相关机构
		（4）建筑产品与建筑市场	1）建筑生产
			2）建筑产品
			3）建筑市场概述
			4）建筑市场交易
			5）建筑市场规范和管理
		（5）工程招标投标	1）建筑项目的管理方法
			2）招标投标的基本条件、原则及方法
			3）建设工程施工招标的程序及相关规定
			4）建设工程投标的程序及相关规定
			5）建设工程招标代理的范围及相关规定
		（6）BIM 概述	1）BIM 由来
			2）BIM 的基本概念
			3）BIM 的特点
			4）BIM 国内外应用现状
			5）现代建筑发展对建筑业的挑战和机会
			6）如何认识 BIM
		（7）BIM 应用	1）BIM 在设计阶段应用
			2）BIM 在招标投标阶段应用
			3）BIM 在施工阶段应用
			4）BIM 与造价管理
			5）BIM 在运营管理阶段应用
		（8）BIM 实施	1）BIM 的实施环境
			2）BIM 的实施策略
		（9）BIM 案例	1）Revit 系列软件应用案例
			2）主流一 BIM 软件应用案例
			3）主流二 BIM 软件应用案例
			4）主流三 BIM 软件应用案例
		（10）Revit 基础	1）Revit 基础知识
			2）基础构件建模方法
			3）轴网、柱构件建模方法
			4）墙构件建模方法
			5）梁构件建模方法
			6）板构件建模方法
			7）楼梯等构件建模方法

知识领域	知 识 单 元		知 识 点
2. 经济理论与管理方法	核心知识单元	（11）合同管理	1）合同的内容、订立程序、效力、担保及变更
			2）监理合同的内容和管理
			3）勘察设计合同的内容和管理
			4）施工合同的内容和管理
			5）物资采购合同的内容和管理
			6）合同索赔的类型及程序
	选修知识单元	（1）建筑业统计指标	1）建筑企业基本情况统计的统计指标体系
			2）统计设计、调查、整理的内容和方法
			3）统计指标的内容及计算方法
		（2）建筑业指标统计方法	1）生产活动统计的内容及方法
			2）劳动工资统计的内容及方法
			3）材料统计的内容及方法
			4）经济效益统计与分析的内容及方法
		（3）材料计划与采购管理	1）计划管理的内容与方法
			2）采购管理的内容与方法
			3）运输管理的内容与方法
			4）储备管理的内容与方法
			5）施工现场材料管理的内容与方法
			6）周转材料、工具、劳动保护用品管理的内容与方法
		（4）材料核算	1）材料核算内容
			2）材料核算方法

（2）建筑工程造价专业方向知识体系一览

建筑工程造价专业方向知识体系一览表　　　　　　　　　表2

知识领域	知 识 单 元		知 识 点
1. 经济理论与管理方法	核心知识单元	（1）建筑工程项目管理	1）工程项目管理
			2）工程项目管理组织
			3）流水施工的组织
			4）网络计划技术
			5）工程施工组织
			6）工程项目成本管理
			7）工程施工质量、安全和文明施工管理
			8）工程质量验收、备案和保修
			9）工程项目信息管理

知识领域	知 识 单 元		知 识 点
1. 经济理论与管理方法	核心知识单元	(2) 建筑工程资料管理	1) 工程资料管理的内容和相关制度
			2) 工程签证资料的管理方法
			3) 工程索赔资料的管理方法
			4) 工程竣工资料的管理方法
			5) 工程其他技术资料的内容及管理方法
2. 工程技术基础	核心知识单元	(1) 建筑材料的分类与应用	1) 建筑材料的基本性质
			2) 气硬性胶凝材料的分类及应用
			3) 水泥的分类及应用
			4) 混凝土的分类及应用
			5) 砂浆的分类及应用
			6) 建筑钢材的分类及应用
			7) 墙体材料的分类及应用
			8) 屋面材料的分类及应用
			9) 木材的分类及应用
		(2) 装饰材料的分类与应用	1) 建筑装饰材料的内容、分类及应用
			2) 天然石材的分类及应用
			3) 建筑塑料的分类及应用
			4) 油漆、涂料的分类及应用
		(3) 民用建筑构造	1) 民用建筑的组成
			2) 民用建筑分类
			3) 基础的类型及构造
			4) 墙体的分类及构造
			5) 楼地面的组成及构造
			6) 屋顶的类型及构造
			7) 楼梯的类型及构造
			8) 门、窗的类型及构造
		(4) 工业建筑构造	1) 工业建筑的组成
			2) 工业建筑的分类
			3) 基础的类型及构造
			4) 墙体的分类及构造
			5) 楼地面的组成及构造
			6) 屋顶的类型及构造
			7) 楼梯的类型及构造
			8) 门、窗的类型及构造
		(5) 建筑结构组成与基本构件	1) 建筑结构的组成及类型
			2) 混凝土结构的基本构件

知 识 领 域	知 识 单 元	知 识 点		
2. 工程技术基础	核心知识单元	(6) 建筑结构类型及构造	1) 地基与基础的受力特点及构造	
			2) 钢筋混凝土楼 (屋) 盖的类型及构造	
			3) 钢筋混凝土多层及高层结构的类型及构造	
			4) 砌体结构的种类及构造	
		(7) 建筑施工内容与工艺	1) 土方工程施工内容与工艺	
			2) 地基与基础工程施工内容与工艺	
			3) 砌体工程施工内容与工艺	
			4) 钢筋混凝土工程施工内容与工艺	
			5) 预应力混凝土工程施工内容与工艺	
			6) 结构吊装工程施工内容与工艺	
			7) 防水工程施工内容与工艺	
			8) 装饰工程施工内容与工艺	
			9) 高层建筑施工内容与工艺	
			10) 常用安装工程材料的名称、规格	
		(8) 建筑强、弱电安装基础	1) 建筑变配电系统及施工图识图	
			2) 动力及电气照明工程的构成、施工工艺及施工图识图	
			3) 架空线路工程机电缆线路工程的构成、施工工艺及施工图识图	
			4) 防雷与接地工程的构成、施工工艺及施工图识图	
			5) 火灾自动报警系统、共用天线电视系统等构成、施工工艺及施工图识图	
		(9) 给水排水、采暖通风安装基础	1) 建筑给水排水与燃气工程的构成、施工工艺及施工图识图	
			2) 供暖工程的形式、构成、施工工艺及施工图识图	
			3) 通风空调工程的构成、施工工艺及施工图识图	
			4) 制冷机房、换热站、锅炉房等管道工程的构成、施工工艺及施工图识图	
3. 工程造价技术与方法	核心知识单元	(1) 钢筋工程量计算	1) 钢筋工程量计算依据	
			2) 钢筋重量计算方法	
			3) 基础钢筋工程量计算	
			4) 柱钢筋工程量计算	
			5) 梁钢筋工程量计算	
			6) 板钢筋工程量计算	
			7) 墙钢筋工程量计算	
			8) 楼梯钢筋工程量计算	
			9) 预制构件钢筋工程量计算	

知识领域	知识单元		知识点
		（2）建筑工程预算定额应用	1）预算定额的内容构成
			2）预算定额的换算
		（3）建筑安装工程费用划分与计算方法	1）建筑安装工程费用划分
			2）建筑安装工程费用计算方法
		（4）建筑工程量计算	1）建筑面积计算
			2）土石方工程量计算
			3）砖石分部工程量计算
			4）脚手架工程量计算
			5）混凝土分部工程量计算
			6）金属结构工程量计算
			7）门窗工程量计算
			8）楼地面工程量计算
			9）屋面工程量计算
			10）装饰工程量计算
3. 工程造价技术与方法	核心知识单元	（5）建筑工程造价费用计算	1）直接费计算及工料机用量分析
			2）间接费计算
			3）利润与税金计算
		（6）装饰工程预算定额应用	1）装饰工程预算定额内容构成
			2）装饰工程预算定额换算
		（7）装饰工程量计算	1）楼地面工程量计算
			2）墙柱面工程量计算
			3）天棚工程量计算
			4）门窗工程量计算
			5）油漆、涂料工程量计算
		（8）装饰工程造价费用计算	1）直接费计算及工料机分析
			2）间接费计算
			3）利润与税金计算
		（9）建筑工程量清单编制	1）工程量清单计价规范概述
			2）清单计价与定额计价的联系与区别
			3）工程量清单计价表格使用
			4）建筑工程量清单编制
			5）装饰装修工程量清单编制
			6）安装工程量清单编制

知 识 领 域	知 识 单 元		知 识 点
3. 工程造价技术与方法	核心知识单元	（10）建筑工程量清单报价编制	1）分部分项工程量清单项目综合单价编制
			2）措施项目清单项目综合单价编制
			3）分部分项工程量清单项目费计算
			4）措施项目清单费计算
			5）其他项目清单费计算
			6）规费项目清单费计算
			7）税金项目清单费计算
		（11）工程量调整	1）工程结算编制步骤
			2）结算资料整理和审核
			3）工程量签证资料复核
			4）工程量增减计算
		（12）费用调整	1）人工费调整计算
			2）材料费调整计算
			3）机械台班费调整计算
			4）管理费调整计算
		（13）建筑工程结算书编制	1）利润和税金调整计算
			2）汇总编制工程结算书
		（14）建筑工程量计算软件应用	1）建筑工程量计算软件应用
			2）钢筋工程量计算软件应用
		（15）建筑工程计价软件应用	工程造价计价软件应用
	选修知识单元	（1）安装工程预算定额应用	1）安装预算定额的内容构成
			2）安装预算定额的换算
		（2）安装工程预算费用划分	1）安装工程费用的划分
			2）安装工程费用计算方法
		（3）安装工程量计算	1）室内给水安装工程量计算
			2）室内排水工程量计算
			3）电气照明工程量计算
		（4）安装工程费用计算	1）直接费计算及工料机用量分析
			2）间接费计算
			3）利润与税金计算

（3）安装工程造价专业方向知识体系一览表

安装工程造价专业知识体系一览表　　　　　　　　　　　　　　　　　　表3

知 识 领 域	知 识 单 元		知 识 点
1. 管理方法	核心知识单元	（1）安装工程项目管理	1）安装工程项目管理组织
			2）流水施工的组织
			3）网络计划技术
			4）安装工程施工组织
			5）安装工程项目成本管理
			6）安装工程施工质量、安全和文明施工管理
			7）安装工程质量验收、备案和保修
			8）安装工程项目信息化管理
		（2）安装工程资料管理	1）安装工程资料管理的内容和相关制度
			2）安装工程签证资料的管理方法
			3）安装工程索赔资料的管理方法
			4）安装工程竣工资料的管理方法
			5）安装工程其他技术资料的内容及管理方法
2. 工程技术基础	核心知识单元	（1）生活给水排水系统识图与施工工艺	1）系统组成
			2）主要设备和常用材料
			3）施工基本技术要求
			4）生活给水排水系统常用图例识读
		（2）消防工程识图与施工工艺	1）系统组成
			2）主要设备和常用材料
			3）施工基本技术要求
			4）消防工程常用图例识读
		（3）室内采暖工程识图与施工工艺	1）系统分类与组成
			2）主要设备和常用材料
			3）施工基本技术要求
			4）室内采暖工程常用图例识读
		（4）通风与空调工程识图与施工工艺	1）系统组成
			2）主要设备和常用材料
			3）施工基本技术要求
			4）通风与空调工程常用图例识读
		（5）照明系统识图与施工工艺	1）系统组成
			2）主要设备和常用材料
			3）施工基本技术要求
			4）照明系统常用图例识读
		（6）防雷与接地装置识图与施工工艺	1）系统组成
			2）常用材料
			3）施工基本技术要求
			4）防雷与接地装置常用图例识读

知识领域	知识单元	知识单元	知识点
2. 工程技术基础	核心知识单元	（7）室内电视、电话及网络系统识图与施工工艺	1）系统的组成
			2）系统工作原理
			3）施工基本技术要求
			4）室内电视、电话及网络系统常用图例识读
		（8）火灾自动报警系统识图与施工工艺	1）系统组成
			2）系统工作原理
			3）主要设备和常用材料
			4）施工基本技术要求
			5）火灾自动报警系统常用图例识读
		（9）10kV 以下变配电工程识图与施工工艺	1）系统组成
			2）主要设备和常用材料
			3）施工基本技术要求
			4）10kV 以下变配电工程图例
	选修知识单元	1）建筑工程识图与施工工艺	1）土方工程识图与施工工艺
			2）砌体工程识图与施工工艺
			3）混凝土及钢筋混凝土工程识图与施工工艺
			4）屋面及防水工程识图与施工工艺
			5）保温隔热工程识图与施工工艺
			6）楼地面工程识图与施工工艺
			7）墙柱面工程识图与施工工艺
			8）天棚面工程识图与施工工艺
			9）门窗工程识图与施工工艺
		（2）市政工程识图与施工工艺	1）市政道路路基、基层、面层识图与施工工艺
			2）城市给水排水及燃气管道识图与施工工艺
			3）城市绿化与园林附属工程识图与施工工艺
3. 工程造价技术与方法	核心知识单元	（1）安装工程消耗量定额	1）安装工程消耗量定额的构成
			2）安装工程消耗量定额的换算
		（2）安装工程造价费用计算	1）分部分项工程费用计算
			2）措施项目费用计算
			3）其他项目费用计算
			4）规费项目费用计算
			5）税金项目费用计算
			6）工程总造价费用计算
		（3）生活给水排水系统工程量计算	1）给水排水管道工程量计算
			2）卫生器具工程量计算
			3）管道附件工程量计算
			4）支架及其他工程量计算

知识领域	知识单元	知识点
3. 工程造价技术与方法	核心知识单元	（4）消防工程工程量计算
		1）消火栓给水系统工程量计算
		2）自动喷水系统工程量计算
		3）气体灭火系统工程量计算
		（5）室内采暖工程工程量计算
		1）采暖管道工程量计算
		2）采暖设备工程量计算
		3）采暖器具工程量计算
		（6）通风与空调工程工程量计算
		1）通风管道工程量计算
		2）通风及空调设备工程量计算
		3）通风管道部件工程量计算
		4）通风空调工程检测及调试工程量计算
		（7）照明系统工程量计算
		1）控制设备及低压电器工程量计算
		2）配管配线工程量计算
		3）照明器具工程量计算
		4）附属工程工程量计算
		（8）防雷与接地装置工程量计算
		1）接闪器工程量计算
		2）防雷引下线工程量计算
		3）接地装置工程量计算
		4）接地跨接、等电位等工程量计算
		5）接地电阻测试工程量计算
		（9）室内电视、电话及网络系统工程量计算
		1）弱电接线箱工程量计算
		2）配管、配线工程量计算
		3）电视、电话及网络插座工程量计算
		（10）火灾自动报警系统工程量计算
		1）配管、配线工程量计算
		2）消防报警设施工程量计算
		3）消防系统调试工程量计算
		（11）10kV以下变配电工程工程量计算
		1）变压器工程量计算
		2）配电装置工程量计算
		3）母线工程量计算
		4）控制设备及低压电器工程量计算
		5）电缆工程量计算
		6）电机检查接线及调试工程量计算
		7）供配电系统调试工程量计算
		（12）安装工程工程量清单
		1）分部分项工程和单价措施项目清单
		2）总价措施项目清单
		3）其他项目清单
		4）规费项目清单
		5）税金项目清单

知识领域	知识单元		知识点
3. 工程造价技术与方法	核心知识单元	（13）安装工程工程量清单计价	1）分部分项工程和单价措施项目清单计价
			2）总价措施项目清单计价
			3）其他项目清单计价
			4）税前项目清单计价
			5）规费、税金项目清单计价
			6）工程总造价费用的计算
		（14）安装工程工程结算	1）工程结算编制步骤
			2）结算资料整理和审核
			3）工程量签证资料复核
			4）工程量增减计算
			5）利润和税金调整计算
		（15）安装工程算量与计价软件应用	1）常用的安装工程量计算软件应用
			2）常用的安装工程计价软件应用
	选修知识单元	（1）建筑工程工程量清单的编制与工程量计算	1）土方工程工程量计算
			2）砌体工程工程量计算
			3）混凝土及钢筋混凝土工程工程量计算
			4）屋面及防水工程工程量计算
			5）保温隔热工程工程量计算
			6）楼地面工程工程量计算
			7）墙柱面工程工程量计算
			8）天棚面工程工程量计算
			9）门窗工程工程量计算
		（2）市政工程工程量清单的编制与工程量计算	1）市政道路路基、基层、面层工程量计算
			2）城市给水排水及燃气管道施工工程量计算
			3）城市绿化与园林附属工程工程量计算

（4）市政工程造价专业方向知识体系一览表

市政工程造价专业方向知识体系一览表　　　　　表 4

知识领域	知识单元		知识点
1. 经济理论与管理方法	核心知识单元	（1）建筑工程项目管理	1）工程项目管理
			2）工程项目管理组织
			3）流水施工的组织
			4）网络计划技术
			5）工程施工组织
			6）工程项目成本管理
			7）工程施工质量、安全和文明施工管理
			8）工程质量验收、备案和保修
			9）工程项目信息管理

21

知 识 领 域	知 识 单 元		知 识 点
1. 经济理论与管理方法	核心知识单元	（2）建筑工程资料管理	1）工程资料管理的内容和相关制度
			2）工程签证资料的管理方法
			3）工程索赔资料的管理方法
			4）工程竣工资料的管理方法
			5）工程其他技术资料的内容及管理方法
2. 工程技术基础	核心知识单元	（1）工程识图制图标准与投影作图	1）识图的基本知识
			2）投影的基本知识
			3）立体投影的画法
			4）轴测投影的画法
			5）剖面图与断面图的画法
			6）标高投影的画法
		（2）给水排水工程图识读	1）给水排水工程图的基本知识
			2）室外给水排水工程图的内容与识读
			3）管道构配件详图的内容与识读
		（3）市政道路工程图识读	1）市政道路的平面线形内容与识读
			2）市政道路路线平面图的内容与识读
			3）市政道路路线纵断面图的内容与识读
			4）市政道路路线横断面图的内容与识读
			5）道路路基路面施工图的内容与识读
			6）挡土墙施工图的内容与识读
			7）市政道路平面交叉口施工图的内容与识读
			8）市政道路立体交叉施工图的内容与识读
			9）市政高架道路工程施工图的内容与识读
			10）市政轨道工程施工图的内容与识读
		（4）市政桥梁工程施工图识读	1）市政桥梁工程施工图的基本知识
			2）钢筋混凝土结构施工图的内容与识读
			3）钢结构施工图的内容与识读
			4）钢筋混凝土梁桥工程施工图的内容与识读
		（5）隧道与涵洞工程施工图识读	1）隧道工程施工图的内容与识读
			2）涵洞工程施工图的内容与识读
			3）城市通道工程施工图的内容与识读
		（6）工程测量原理与方法	1）测量的基本知识
			2）水准测量的原理与方法
			3）角度测量的原理与方法
			4）距离测量的原理与方法
			5）小地区控制测量的原理与方法

知识领域	知识单元	知识单元	知识点
2. 工程技术基础	核心知识单元	（7）市政道路工程放线	1）道路中线测量的原理与方法
			2）圆曲线的主点测量和详细测量
			3）缓和曲线的测量
			4）路线纵、横断面测量的原理与方法
			5）道路施工测量的原理与方法
		（8）市政管网工程放线	1）管道中线测量的原理与方法
			2）管道纵、横断面测量的原理与方法
			3）管道施工测量的方法
			4）顶管施工测量的方法
			5）管道竣工测量的方法
		（9）市政桥梁工程放线	1）桥梁工程控制测量的原理与方法
			2）桥梁墩台中心与纵、横轴线的测量
			3）桥梁施工测量的方法
			4）桥梁变形观测的方法
			5）桥梁竣工测量的方法
			6）涵洞施工测量的方法
		（10）工程材料分类与性质	1）工程材料的分类
			2）工程材料的质量标准
			3）材料的体积构成
			4）材料的物理性质
			5）材料的力学性质
		（11）无机材料性质与应用	1）砂石材料的性质与应用
			2）石灰和稳定土的性质与应用
			3）水泥的性质与应用
			4）水泥混凝土及砂浆的性质与应用
			5）建筑钢材的性质与应用
		（12）有机材料性质与应用	1）沥青材料的性质与应用
			2）沥青混合料的性质与应用
			3）合成高分子材料的性质与应用
		（13）路面基层施工	1）粒料基层材料施工
			2）稳定类基层施工要求
		（14）沥青路面施工	1）沥青路面对材料的要求
			2）沥青路面的施工
			3）沥青路面施工机械

知 识 领 域	知 识 单 元		知 识 点
2. 工程技术基础	核心知识单元	（15）水泥混凝土路面施工	1）施工准备工作
			2）小型机具铺筑施工程序
			3）滑模摊铺机施工程序
			4）特殊气候条件下混凝土路面的施工
			5）路面养护
		（16）桥面构造及支座施工	1）桥面系统构造与施工
			2）桥面伸缩缝构造与施工
			3）桥梁人行道及其他构造与施工
			4）桥梁支座构造与施工
		（17）桥梁墩台及基础施工	1）桥梁基础构造
			2）桥墩构造与施工
			3）桥台构造与施工
		（18）钢筋混凝土简支梁桥施工	1）简支桥的分类及构造
			2）简支梁桥的施工
			3）其他体系桥梁构造与施工
		（19）预应力混凝土梁桥施工	1）先张法预应力施工
			2）后张法预应力施工
			3）预应力连续梁悬臂施工
			4）预应力连续梁顶推施工
		（20）涵洞施工	1）涵洞分类与构造
			2）涵洞的施工
		（21）市政管网工程组成与构造	1）给水管道工程组成与构造
			2）排水管道工程组成与构造
			3）其他市政管线工程组成与构造
		（22）市政管道开槽施工	1）明沟排水施工
			2）人工降低地下水位施工
			3）沟槽开挖施工
			4）沟槽支撑施工
			5）管道的铺设与安装
			6）沟槽回填施工
		（23）市政管道不开槽施工	1）掘进顶管法施工
			2）特种顶管施工技术
			3）非开挖铺管新技术施工
		（24）附属构筑物施工	1）渠道施工
			2）倒虹管施工
			3）附属构筑物施工及阀件安装

知识领域	知识单元	知识点	
2. 工程技术基础	选修知识单元	（1）市政路灯工程施工工艺	1）变配电设备工程施工工艺
			2）架空线路工程施工工艺
			3）电缆工程施工工艺
			4）配管、配线工程施工工艺
			5）照明器具安装工程施工工艺
			6）防雷接地装置工程施工工艺
		（2）市政隧道工程施工工艺	1）隧道岩石开挖施工工艺
			2）岩石隧道衬砌施工工艺
			3）盾构掘进施工工艺
			4）隧道沉井施工工艺
			5）沉管隧道施工工艺
3. 工程造价技术与方法	核心知识单元	（1）市政工程分部分项工程费	1）分部分项工程费的构成
			2）分部分项工程费的换算
		（2）建筑安装工程费用划分与计算方法	1）建筑安装工程费用划分
			2）建筑安装工程费用计算
		（3）市政工程工程量计算	1）土石方工程工程量计算
			2）市政道路工程工程量计算
			3）市政桥涵工程工程量计算
			4）市政管网工程工程量计算
			5）市政工程钢筋工程量计算
		（4）市政工程造价费用计算	1）分部分项工程费和措施费计算及工料机用量分析
			2）企业管理费和规费计算
			3）利润与税金计算
		（5）市政工程工程量清单编制	1）市政道路工程工程量清单编制
			2）市政桥涵工程工程量清单编制
			3）市政管网工程工程量清单编制
		（6）市政工程工程量清单计价文件编制	1）分部分项工程量清单项目综合单价编制
			2）措施项目清单项目综合单价编制
			3）分部分项工程量清单项目费计算
			4）措施项目清单费计算
			5）其他项目清单费计算
			6）规费项目清单费计算
			7）税金项目清单费计算
		（7）市政工程结算文件编制	1）市政工程工程量调整
			2）市政工程工程费用调整
			3）市政工程工程结算书编制

知识领域	知识单元		知识点
3. 工程造价技术与方法	核心知识单元	（8）市政工程建（翻）模软件应用	1）市政道路工程建（翻）模软件应用
			2）市政桥涵工程建（翻）模软件应用
			3）市政管网工程建（翻）模软件应用
		（9）市政工程造价及管理软件应用	1）市政工程工程量计算软件应用
			2）市政工程造价计价软件应用
			3）市政工程管理软件应用
	选修知识单元	（1）市政路灯工程计量与计价	1）市政路灯工程工程量计算
			2）市政路灯工程工程量清单编制
			3）市政路灯工程工程量清单计价文件编制
		（2）市政隧道工程计量与计价	1）市政隧道工程工程量计算
			2）市政隧道工程工程量清单编制
			3）市政隧道工程工程量清单计价文件编制

（5）园林工程造价专业方向知识体系一览表

园林工程造价专业方向知识体系一览表 表5

知识领域	知识单元		知识点
1. 管理方法	核心知识单元	（1）园林工程项目管理	1）园林工程项目管理
			2）园林工程项目管理组织
			3）流水施工的组织
			4）网络计划技术
			5）园林工程施工组织
			6）园林工程项目成本管理
			7）园林工程施工质量、安全和文明施工管理
			8）园林工程质量验收、备案和保修
			9）园林工程项目信息管理
		（2）园林工程资料管理	1）园林工程资料管理的内容和相关制度
			2）园林工程签证资料的管理方法
			3）园林工程索赔资料的管理方法
			4）园林工程开竣工资料的管理方法
2. 工程技术基础	核心知识单元	（1）建筑材料的分类与应用	1）建筑材料的基本性质
			2）气硬性胶凝材料的分类及应用
			3）水泥的分类及应用
			4）混凝土的分类及应用
			5）砂浆的分类及应用
			6）建筑钢材的分类及应用
			7）墙体材料的分类及应用
			8）屋面材料的分类及应用
			9）木材的分类及应用

知 识 领 域	知 识 单 元		知 识 点
2. 工程技术基础	核心知识单元	（2）装饰材料的分类与应用	1）建筑装饰材料的内容、分类及应用
			2）天然石材的分类及应用
			3）建筑塑料的分类及应用
			4）油漆、涂料的分类及应用
		（3）园林制图标准与投影作图	1）园林制图要求与方法
			2）三面投影图、剖面图、断面图概念及画法
			3）园林景观阴影与透视的画法与识读
		（4）园路园桥与铺装工程识图	1）园路园桥与铺装工程的施工总平面图、竖向设计图内容与识图
			2）园路园桥与铺装工程立面图内容与识图
			3）园路园桥与铺装工程横断面图的内容与识图
		（5）园林种植工程识图	1）园林种植工程平面图识读
			2）地形等高线概念与识图
			3）网格坐标定位放线图识读
		（6）园林景观工程识图	1）园林景观工程的平面图识图
			2）园林景观工程立面图识图
			3）园林景观基础横断面图的内容与识读
		（7）园林植物	1）园林植物分类及生态习性
			2）园林植物造景
			3）园林植物栽培与管理
		（8）园林工程施工技术	1）园林土方工程施工
			2）园林种植工程施工
			3）园林园路园桥工程施工
			4）园林景观工程施工
		（9）工程测量	1）工程测量的基本知识和应用
			2）水准仪、经纬仪、全站仪、钢尺等基本测量仪器的使用
			3）高程、角度、距离测量的外业与内业测量工作
			4）园林测量放线的方法
	选修知识单元	（1）园林竖向设计图识读	1）竖向设计概念与作用
			2）地形竖向设计的步骤
			3）地形竖向设计的方法
		（2）建筑装饰与水电安装识图	1）建筑与装饰图识读
			2）给水排水管道图识读
			3）电气图识读

知识领域	知识单元	知识点	
2. 工程技术基础	选修知识单元	(3) 园林仿古建筑识图	1) 仿古建筑平面图识读
			2) 仿古建筑立面图识读
			3) 仿古建筑基础横断面图的内容与识读
		(4) 园林建筑设计	1) 园林建筑的分类与应用
			2) 园林建筑的设计方法与技巧
		(5) 园林苗圃	1) 园林苗圃用地规划与建设
			2) 园林苗木生产与出圃
			3) 园林苗木繁殖与培育
3. 工程计量与计价	核心知识单元	(1) 园林工程工程量计算	1) 工程量计算依据
			2) 园林土石方工程量计算
			3) 园林种植工程工程量计算
			4) 园路园桥及铺装工程量计算
			5) 园林景观工程量计算
		(2) 园林工程计价定额	1) 计价定额的构成
			2) 计价定额的换算
		(3) 工程造价费用计算	1) 建筑安装工程费用划分
			2) 建筑安装工程费用计算方法
			3) 分部分项工程费计算
			4) 措施项目费计算
			5) 其他项目费计算
			6) 规费和税金计算
		(4) 园林工程工程量清单编制	1) 工程量清单计价规范
			2) 定额计价与清单计价的联系与区别
			3) 分部分项工程量清单编制
			4) 措施项目清单编制
			5) 其他项目清单编制
			6) 规费和税金项目清单编制
		(5) 园林工程工程量清单报价书编制	1) 分部分项工程量清单项目综合单价计算
			2) 措施项目清单费计算
			3) 分部分项工程量清单项目费计算
			4) 其他项目清单费计算
			5) 规费和税金项目清单费计算
		(6) 园林工程工程费用调整	1) 人工费调整计算
			2) 材料费调整计算
			3) 机械台班费调整计算
			4) 管理费、利润、税金等费用调整计算

知 识 领 域	知 识 单 元		知 识 点
3. 工程计量与计价	核心知识单元	（7）工程结算	1）费用调整计算
			2）工程结算书编制
		（8）计价软件应用	1）工程造价计价软件操作
			2）工程造价计价软件应用
	选修知识单元	（1）建筑工程计价定额	1）建筑计价定额的内容构成
			2）建筑计价定额的换算
		（2）装饰工程计价定额	1）装饰计价定额的内容构成
			2）装饰计价定额的换算
		（3）安装工程预算定额	1）安装计价定额的内容构成
			2）安装计价定额的换算
		（4）仿古建筑工程计价定额	1）仿古建筑计价定额的内容构成
			2）仿古建筑计价定额的换算

2. 专业技能体系一览
（1）建筑工程造价专业平台技能体系一览见表

工程造价专业技能体系一览表　　　　　　　　　　　　表6

技 能 领 域	技 能 单 元		技 能 点
1. 工程技术基础	核心技能单元	（1）建筑识图	1）建筑平面图绘制
			2）建筑立面图绘制
			3）建筑剖面图绘制
			4）建筑详图绘制
		（2）建筑材料检测	1）水泥检测
			2）砂、石检测
			3）混凝土试配与检测
			4）钢筋检测
			5）墙体材料检测
		（3）Reivt基础	1）Revit基础知识
			2）基础构件建模
			3）轴网、柱构件建模
			4）墙构件建模
			5）梁构件建模
			6）板构件建模
			7）楼梯等构件建模
	选修技能单元	（1）安装识图	1）室内给水管道图绘制
			2）室内排水管道图绘制
			3）电气照明线路图绘制
			4）电气照明开关位置图绘制

技 能 领 域	技 能 单 元		技 能 点
2. 工程造价技术与方法	核心技能单元	（1）建筑工程预算	1）计算建筑工程量
			2）套用预算定额
			3）直接费计算及工料机分析
			4）间接费计算
			5）利润、税金计算及工程造价费用汇总
		（2）装饰工程预算	1）计算装饰工程量
			2）套用装饰预算定额
			3）直接费计算及工料机分析
			4）间接费计算
			5）利润、税金计算及工程造价费用汇总
		（3）工程量清单编制	1）清单工程量计算
			2）分部分项工程量清单编制
			3）措施项目清单编制
			4）其他项目清单编制
			5）规费与税金清单编制
		（4）工程量清单报价	1）复核分部分项工程量清单
			2）综合单价计算
			3）分部分项工程项目费计算
			4）措施项目费计算
			5）其他项目费计算
			6）规费项目费计算
			7）税金项目费计算
		（5）工程结算	1）工程量调整计算
			2）人工费调整计算
			3）材料费调整计算
			4）机械费调整计算
			5）管理费调整计算
			6）工程造价调整计算
		（6）BIM工程量计算、工程造价计算软件应用	1）建筑工程量计算
			2）装饰工程量计算
			3）钢筋工程量计算
			4）工程量清单报价书编制
		（7）造价综合训练	1）职业能力分析
			2）工作内容分析
			3）综合实训指导

技能领域	技能单元		技能点
2. 工程造价技术与方法	选修技能单元	(1) 水电安装工程预算	1) 计算水电安装工程量
			2) 套用安装预算定额
			3) 直接费计算及工料分析
			4) 间接费计算
			5) 利润、税金计算及工程造价费用汇总

（2）安装工程造价专业方向技能体系一览表

安装工程造价专业技能体系一览表　　　　　　表 7

技能领域	技能单元		技能点
1. 工程技术应用	核心技能单元	(1) 安装工程施工图识读	1) 生活给水排水系统施工图识读
			2) 消防灭火系统施工图识读
			3) 室内采暖工程施工图识读
			4) 通风与空调工程施工图识读
			5) 照明系统施工图识读
			6) 防雷与接地装置施工图识读
			7) 室内电视、电话及网络系统施工图识读
			8) 火灾自动报警系统施工图识读
			9) 10kV 以下变配电工程施工图识读
		(2) 安装工程施工质量验收记录	1) 建筑给水排水分部工程质量验收资料的编写
			2) 暖通工程质量验收记录的填写
			3) 建筑电气分部工程质量验收记录的填写
		(3) Revit 基础	1) Revit 基础知识
			2) 基础构件建模
			3) 轴网、柱构件建模
			4) 墙构件建模
			5) 梁构件建模
			6) 板构件建模
			7) 楼梯等构件建模
			8) 给水排水管道建模
			9) 电气照明设备建模
	选修技能单元	(1) 建筑识图	1) 建筑平面图识读
			2) 建筑立面图识读
			3) 建筑剖面图识读
			4) 建筑详图识读

技能领域	技能单元		技能点
2. 工程造价技术应用	核心技能单元	（1）工程量清单的编制	1）分部分项工程和单价措施项目清单的编制
			2）总价措施项目清单的编制
			3）其他项目清单编制
			4）规费项目清单编制
			5）税金项目清单编制
		（2）工程量清单报价书的编制	1）分部分项工程量清单复核
			2）综合单价计算
			3）分部分项工程项目费用计算
			4）措施项目费计算
			5）其他项目费计算
			6）规费项目费计算
			7）税金项目费计算
		（3）招标控制价的编制	1）分部分项工程和单价措施项目清单计价
			2）总价措施项目清单计价
			3）其他项目清单计价
			4）规费项目清单计价
			5）税金项目清单计价
			6）工程总造价计算
		（4）安装工程量计算与计价软件应用	1）安装工程算量软件应用
			2）安装工程计价软件应用
	选修知识单元	（1）建筑工程清单计价	1）分部分项工程和单价措施项目清单计价
			2）总价措施项目清单计价
			3）其他项目清单计价
			4）规费项目清单计价
			5）税金项目清单计价
			6）工程总造价计算
		（2）市政工程清单计价	1）分部分项工程和单价措施项目清单计价
			2）总价措施项目清单计价
			3）其他项目清单计价
			4）规费项目清单计价
			5）税金项目清单计价
			6）工程总造价计算

（3）市政工程造价专业方向技能体系一览表

市政工程造价专业方向技能体系一览表　　　　　　表8

技能领域	技能单元	技能单元	技能点
1. 工程技术基础	核心技能单元	（1）市政工程识图与抄绘	1）市政道路工程施工图识读
			2）市政桥梁工程施工图识读
			3）市政管网工程施工图识读
			4）市政道路工程施工图抄绘
			5）市政桥梁工程施工图抄绘
			6）市政管网工程施工图抄绘
		（2）市政工程材料检测	1）砂石材料检测
			2）石灰和稳定土检测
			3）水泥检测
			4）混凝土用量集料检测
			5）水泥混凝土试配与检测
			6）建筑砂浆试配与检测
			7）沥青材料检测
			8）沥青混合料检测
			9）钢筋检测
		（3）Revit基础	1）Revit基础知识
			2）基础构件建模
			3）轴网、柱构件建模
			4）墙构件建模
			5）梁构件建模
			6）板构件建模
			7）楼梯等构件建模
			8）市政管道建模
2. 工程造价技术与方法	核心技能单元	（1）市政工程预算	1）计算市政工程工程量
			2）套用分部分项工程费
			3）分部分项工程费和措施费计算及工料分析
			4）企业管理费和规费计算
			5）利润、税金计算及工程造价费用汇总
		（2）市政工程工程量清单编制	1）清单工程量计算
			2）分部分项工程量清单编制
			3）措施项目清单编制
			4）其他项目清单编制
			5）规费与税金清单编制

技能领域	技 能 单 元		技 能 点
2. 工程造价技术与方法	核心技能单元	（3）市政工程工程量清单计价	1）复核分部分项工程量清单
			2）综合单价计算
			3）分部分项工程项目费计算
			4）措施项目费计算
			5）其他项目费计算
			6）规费项目费计算
			7）税金项目费计算
		（4）市政工程结算	1）工程量调整计算
			2）人工费调整计算
			3）材料费调整计算
			4）机械费调整计算
			5）管理费调整计算
			6）工程造价调整计算
		（5）市政工程建（翻）模	1）市政道路工程建（翻）模
			2）市政桥涵工程建（翻）模
			3）市政管网工程建（翻）模
		（6）市政工程造价及管理软件应用	1）市政工程工程量计算
			2）工程量清单计价书编制
			3）5D管理应用
		（7）市政工程造价文件编制	1）职业能力分析
			2）工作内容分析
			3）综合实训指导
	选修技能单元	（1）市政路灯工程工程清单计价	1）计算市政路灯工程工程量
			2）编制市政路灯工程工程量清单
			3）编制市政路灯工程工程量清单计价书

（4）园林工程造价专业方向技能体系一览表

园林工程造价专业方向技能体系一览   表9

技能领域	技 能 单 元		技 能 点
1. 工程技术基础	核心技能单元	（1）园林工程图识读	1）园林园路园桥与铺装工程图识读
			2）园林种植工程图识读
			3）园林景观工程图识读
		（2）园林工程材料识别	1）园林道路及铺装工程材料识别
			2）园林种植工程材料识别
			3）园林景观工程材料识别

技 能 领 域	技 能 单 元		技 能 点
1. 工程技术基础	核心技能单元	（3）Revit 基础	1）Revit 基础知识
			2）基础构件建模
			3）轴网、柱构件建模
			4）墙构件建模
			5）梁构件建模
			6）板构件建模
			7）楼梯等构件建模
			8）园林工程建模
	选修技能单元	（1）建筑、水电安装工程识图	1）建筑与装饰图识读
			2）给水排水管道图识读
			3）电气图识读
		（2）仿古建筑工程识图	1）仿古建筑工程图识读
			2）仿古建筑工程图绘制
2. 工程造价方法	核心技能单元	（1）园林种植工程计价	1）种植工程量计算
			2）园林绿化工程计价定额套用
			3）分部分项工程费计算
			4）措施项目费计算
			5）其他项目费计算
			6）规费和税金计算
			7）工程造价费用汇总
		（2）园林道路工程计价	1）道路工程量计算
			2）园路及市政工程计价定额套用
			3）分部分项工程费计算
			4）措施项目费计算
			5）其他项目费计算
			6）规费和税金计算
			7）工程造价费用汇总
		（3）园林景观工程计价	1）景观工程工程量计算
			2）景观工程计价定额套用
			3）分部分项工程费计算
			4）措施项目费计算
			5）其他项目费计算
			6）规费和税金计算
			7）工程造价费用汇总

技能领域	技能单元		技能点
2. 工程造价方法	核心技能单元	（4）园林工程工程量清单编制	1）清单工程量计算
			2）分部分项工程量清单编制
			3）措施项目清单编制
			4）其他项目清单编制
			5）规费和税金项目清单编制
		（5）园林工程工程量清单报价书编制	1）分部分项工程清单复核
			2）综合单价计算
			3）分部分项工程项目费计算
			4）措施项目清单费计算
			5）其他项目清单费计算
			6）规费和税金项目清单费计算
		（6）工程结算	1）工程量调整计算
			2）人工费调整计算
			3）材料费调整计算
			4）机械台班费调整计算
			5）管理费调整计算
			6）工程造价调整计算
		（7）计价软件应用	1）计价软件操作
			2）工程量清单报价书编制
		（8）造价综合训练	1）居住区园林工程工程量计算
			2）居住区园林工程工程量清单编制
			3）居住区园林工程造价编制
	选修技能单元	（1）水电安装工程计价	1）水电安装工程量计算
			2）水电安装计价定额套用
			3）分部分项工程费计算
			4）措施项目费计算
			5）其他项目费计算
			6）规费和税金计算
			7）工程造价费用汇总
		（2）仿古建筑工程计价	1）仿古建筑工程量计算
			2）仿古建筑计价定额套用
			3）分部分项工程费计算
			4）措施项目费计算
			5）其他项目费计算
			6）规费和税金计算
			7）工程造价费用汇总

8.2.2 核心知识单元、技能单元教学要求

（1）工程造价专业平台核心知识单元教学要求

工程计价原理知识单元教学要求　　　　　　　　　　　　　　　表 10

单元名称	工程计价原理	最低学时	10 学时
教学目标	了解建筑产品特性、熟悉两种计价方式、掌握计价理论		
教学内容	知识点 1. 建筑产品特性 产品生产的单件性、建设地点的固定性、施工生产的流动性 知识点 2. 工程造价计价理论 基本建设项目划分、确定工程造价的基本前提、确定工程造价数学模型、单位估价法数学模型、实物金额法数学模型、清单报价数学模型 知识点 3. 定额计价方式 计价方式的概念、施工图预算的概念、施工图预算构成要素、施工图预算编制步骤、施工图预算编制实例 知识点 4. 清单计价方式 工程量清单计价的概念、工程量清单报价编制内容、清单报价编制步骤、工程量清单报价编制实例		
教学方法建议	1. 讲授法 2. 案例教学法 3. 多媒体演示法 4. 螺旋进度教学法		
考核评价要求	1. 课堂提问、课后练习 2. 完成给定的案例、五级评分		

工程单价知识单元教学要求　　　　　　　　　　　　　　　表 11

单元名称	工程单价	最低学时	20 学时
教学目标	理解工程单价的含义、熟悉机械台班单价编制方法、掌握人工单价、材料单价编制方法		
教学内容	知识点 1. 人工单价 人工单价的概念、人工单价的内容构成、人工单价编制方法 知识点 2. 材料单价 材料单价的概念、加权平均原价计算、加权平均运费计算、装卸费计算、运输损耗计算、采购保管费计算 知识点 3. 机械台班单价 机械台班单价的概念、台班折旧费计算、台班大修理费计算、台班经常修理费计算、台班安拆及场外运输费计算、燃料动力费计算、人工费计算、养路费及车船使用税计算		
教学方法建议	1. 讲授法 2. 案例教学法 3. 小组讨论法		
考核评价要求	1. 学生自评 2. 完成给定的案例、五级评分		

单元名称	计价方法	最低学时	20 学时
教学目标	理解投资估算方法、了解设计概算方法、掌握施工图预算和清单计价方法、熟悉工程结算方法		
教学内容	知识点 1. 投资估算方法 建设项目投资估算的内容、建设项目投资估算编制方法、静态投资估算法、生产能力指数法、比例估算法、系数估算法、建设投资估算案例 知识点 2. 设计概算方法 设计概算的概念、用概算定额编制概算、用概算指标编制概算、用类似工程预算编制概算、设计概算编制实例 知识点 3. 施工图预算方法 施工图预算的概念、施工图预算的编制步骤及依据、工程量计算规则、直接费计算及工料分析、材料价差调整、间接费计算、利润与税金计算、施工图预算编制实例 知识点 4. 工程结算方法 工程结算的概念、工程结算的内容、工程结算的编制依据、工程结算的编制程序和方法、工程结算编制实例 知识点 5. 清单计价方法 工程量清单计价的概念、建设工程工程量清单计价规范、工程量清单编制内容和步骤、工程量清单报价编制内容和步骤、工程量清单和工程量清单报价编制实例		
教学方法建议	1. 讲授法 2. 小组讨论法 3. 案例教学法		
考核评价要求	1. 课堂提问 2. 学生自评 3. 完成给定的案例、五级评分		

单元名称	技术测定法	最低学时	10 学时
教学目标	理解施工过程的分类、了解工作时间的划分、掌握测时法的方法、熟悉工作日写实方法		
教学内容	知识点 1. 施工过程研究 施工过程的概念、施工过程的划分、工序、工作过程、综合工作过程 知识点 2. 工作时间研究 工作时间的概念、定额工作时间与非定额工作时间的划分、基本工作时间、辅助工作时间、不可避免损失的工作时间、休息时间、施工本身原因造成损失的时间 知识点 3. 测时法 测时法的概念、循环施工过程、非循环施工过程、接续法测时、选择法测时、测时法的数据整理 知识点 4. 写实记录法 写实记录法的概念、数示法写实记录、混合法写实记录、写实记录数据整理 知识点 5. 工作日写实法 工作日写实的概念、工作日写实法、工作日写实数据整理		

单元名称	技术测定法	最低学时	10学时
教学方法建议	1. 多媒体演示法 2. 讲授法 3. 小组讨论法 4. 案例教学法		
考核评价要求	1. 课堂提问 2. 完成给定的案例、五级评分 3. 学生自评		

定额编制方法知识单元教学要求　　　　　　　　　　　　　　表14

单元名称	定额编制方法	最低学时	20学时
教学目标	理解定额的分类、掌握人工定额编制方法、掌握材料消耗定额编制方法、熟悉企业定额、预算定额和概算定额编制方法		
教学内容	知识点1. 人工定额编制 人工定额的概念、人工定额的编制原则、人工定额的拟定 知识点2. 材料消耗定额编制 材料消耗定额的概念、材料消耗定额的构成、直接性材料消耗定额的编制、周转性材料消耗定额的编制 知识点3. 机械台班定额编制 机械台班定额的概念、机械台班定额的表达形式、机械台班定额的拟定 知识点4. 企业定额编制 企业定额的概念、企业定额的编制原则、编制企业定额的基础工作、企业定额编制方法 知识点5. 预算定额编制 预算定额的概念、预算定额编制原则、人工消耗量确定、材料消耗量确定、机械台班消耗量确定、预算定额编制方法 知识点6. 概算定额编制 概算定额的概念、概算定额的编制原则、概算定额编制方法		
教学方法建议	1. 多媒体演示法 2. 讲授法 3. 小组讨论法		
考核评价要求	1. 课堂提问 2. 完成给定的案例、五级评分 3. 学生自评		

建设项目评价原理与指标知识单元教学要求　　　　　　　　　　表15

单元名称	建设项目评价原理与指标	最低学时	10学时
教学目标	掌握现金流量计算方法、掌握资金时间价值计算方法、熟悉经济评价基本原理、掌握基本指标及计算方法		

单元名称	建设项目评价原理与指标	最低学时	10 学时
教学内容	知识点 1. 现金流量计算方法 现金流量的概念、现金流量的构成、净现金流量计算、投资项目现金流量计算、更新改造项目现金流量计算 知识点 2. 资金时间价值计算 资金时间价值的概念、现值和终值计算、年金终值和年金现值计 知识点 3. 经济评价基本原理 满足需要的可比原理、总消耗费用的可比原理、价格指标的可比原理、时间因素的可比原理 知识点 4. 基本指标及计算方法 指标分类、反映项目盈利能力的指标、反映项目偿还能力的指标、反映项目应用外汇效果的指标		
教学方法建议	1. 讲授法 2. 小组讨论法		
考核评价要求	1. 课堂提问 2. 学生自评 3. 完成给定的案例、五级评分		

建设项目评价内容与方法知识单元教学要求　　　　　　　　　　　表 16

单元名称	建设项目评价内容与方法	最低学时	20 学时
教学目标	了解项目国民经济评价内容及方法、熟悉项目多方案经济比较与选择方法、掌握工程项目可行性分析内容及方法、了解工程项目后评价内容及方法		
教学内容	知识点 1. 项目国民经济评价内容及方法 国民经济评价概述、国民经济效益与费用识别、影子价格的选取与计算、国民经济评价报表编制、国民经济评价指标计算 知识点 2. 项目多方案经济比较与选择方法 投资方案决策、方案的可比性、互斥方案的比较选优、不确定分析 知识点 3. 工程项目可行性分析内容及方法 项目建设的必要性、市场需求分析、建设条件分析、工程建设方案、环境保护、投资估算与资金筹措、财务评价、结论与建议 知识点 4. 工程项目后评价内容及方法 项目效益后评价、比较分析法、逻辑框架法、成功度分析法		
教学方法建议	1. 讲授法 2. 小组讨论法 3. 案例教学法		
考核评价要求	1. 课堂提问 2. 学生自评 3. 完成给定的案例、五级评分		

单元名称	建筑业概述	最低学时	20 学时
教学目标	了解建筑业、了解建筑活动的相关机构		
教学内容	知识点 1. 建筑业 建筑业的含义和范围、建筑业的形成和发展、建筑业的特征、建筑业在国民经济中的地位和作用、建筑业与固定资产投资和房地产业的关系、建筑业的运行机制 知识点 2. 建筑活动的相关机构 业主、勘察设计单位、施工单位、监理单位、咨询机构、管理机构		
教学方法建议	1. 多媒体展示法 2. 讲授法 3. 小组讨论法		
考核评价要求	1. 课堂提问 2. 学生自评		

建筑产品与建筑市场知识单元教学要求   表 18

单元名称	建筑产品与建筑市场	最低学时	20 学时
教学目标	理解建筑产品、了解建筑市场、熟悉建筑市场交易、了解建筑市场规范和管理		
教学内容	知识点 1. 建筑产品 建筑产品的含义及种类与特征、建筑产品的价值及价格与成本、建筑产品的流通和消费 知识点 2. 建筑生产 建筑生产的特点和过程、建筑生产的基本要素、建筑生产的发展与技术进步、建筑生产的主要活动 知识点 3. 建筑市场概述 建筑市场的概念及特征与要素、建筑市场的主体与客体、建筑市场的运行机制、建筑市场体系、建筑市场的需求和供给、影响建筑市场的主要因素 知识点 4. 建筑市场交易 建筑市场交易的方式和过程、建筑工程招标投标、建筑工程施工合同		
教学方法建议	1. 讲授法 2. 资料收集法		
考核评价要求	1. 课堂提问 2. 学生自评		

单元名称	工程招标投标	最低学时	20 学时
教学目标	理解项目管理方法、熟悉招标投标相关规定、掌握招标投标程序和方法		
教学内容	知识点 1. 建设项目的管理方法 项目规模划分、基本建设管理程序 知识点 2. 招标投标的基本条件、原则及方法 招标投标的原则、招标的范围、招标投标的分类 知识点 3. 建设工程施工招标的程序及相关规定 施工招标程序、标段的划分、资格审查、业主自行组织招标的原则和方法、业主委托咨询单位招标的原则和方法、开标的时间和地点、出席开标会议的规定、招标人不予受理的投保、开标程序、评标原则、评标方法、评标结果、评标候选人确定 知识点 4. 建设工程投标的程序及相关规定 建设工程投标程序、资格审查资料、联合体投标要求、投标报价策略、投标文件装订要求 知识点 5. 建设工程招标代理的范围及相关规定 工程招标代理资质相关规定、工程招标代理业务范围		
教学方法建议	1. 多媒体演示法 2. 讲授法 3. 小组讨论法		
考核评价要求	1. 课堂提问 2. 完成给定的案例，五级评分		

单元名称	合同管理	最低学时	30 学时
教学目标	理解合同的内容、熟悉合同各方的职责、掌握合同签订程序和合同争议处理规定		
教学内容	知识点 1. 合同的内容、订立程序、效力、担保及变更 合同法律法规概述、建设工程合同的概念和分类、建设合同的类型、合同内容、合同谈判和签订方法、合同担保、合同争议处理 知识点 2. 监理合同的内容和管理 监理合同的类型、监理合同的内容及各方职责、监理合同的签订与争议处理 知识点 3. 勘察设计合同的内容和管理 勘察设计合同的类型、勘察设计合同的内容及各方职责、勘察设计合同的签订与争议处理 知识点 4. 施工合同的内容和管理 施工合同的类型、施工合同的内容及各方职责、施工合同的签订与争议处理 知识点 5. 物资采购合同的内容和管理 物资采购合同的类型、物资采购合同的内容及各方职责、物资采购合同的签订与争议处理 知识点 6. 合同索赔的类型及程序 合同索赔的内容、合同索赔产生的原因、合同索赔的分类、合同索赔处理程序		

单元名称	合同管理	最低学时	30 学时
教学方法建议	1. 多媒体演示法 2. 讲授法 3. 案例教学法 4. 小组讨论法		
考核评价要求	1. 课堂提问 2. 学生展示学习成果，完成自评 3. 完成给定的案例，五级评分		

（2）建筑工程造价专业核心知识单元教学要求

建筑材料的分类与应用知识单元教学要求　　　　　　　　　　　　表 21

单元名称	建筑材料的分类与应用	最低学时	30 学时
教学目标	熟悉建筑材料的基本性质、掌握材料的分类及应用		
教学内容	知识点 1. 建筑材料的基本性质 材料的基本物理性质和力学性质以及耐久性、装饰材料的基本要求及选用原则 知识点 2. 气硬性胶凝材料的分类及应用 气硬性胶凝材料的分类、建筑石膏的生产和凝结硬化原理以及技术性质、各种石膏板和石膏花饰的应用、石灰的原料及生产和熟化及硬化原理以及技术性质及应用 知识点 3. 水泥的分类及应用 水泥的分类、普通硅酸盐水泥的技术性质和应用、硅酸盐水泥的技术性质和应用、火山灰水泥的技术性质和应用、粉煤灰水泥的技术性质和应用、矿渣水泥的技术性质和应用、复合水泥的技术性质和应用 知识点 4. 混凝土的分类及应用 混凝土的分类、普通混凝土组成材料的一般要求、普通混凝土的主要技术性质、普通混凝土的配合比设计程序、其他品种混凝土的概况、装饰混凝土的种类和应用 知识点 5. 砂浆的分类及应用 砂浆的分类、砌筑砂浆和抹面砂浆及装饰砂浆的组成材料和技术质量要求与应用、其他砂浆的一般知识 知识点 6. 建筑钢材的分类及应用 建筑钢材的分类、常用建筑和装饰工程用钢材及制品、铝合金和铜合金及其制品的种类与性能 知识点 7. 墙体材料的分类及应用 墙体常用砖和砌块以及板材的种类、规格、技术要求以及应用 知识点 8. 屋面材料的分类及应用 屋面防水材料的分类、沥青及各种改性沥青防水制品性能和标准以及应用 知识点 9. 木材的分类及应用 木材的分类和性质、常用木材和装饰制品的种类和名称以及应用		

单元名称	建筑材料的分类与应用	最低学时	30 学时
教学方法建议	1. 讲授法 2. 多媒体演示法 3. 现场教学法		
考核评价要求	1. 课堂提问 2. 完成给定的案例，五级评分 3. 根据完成的实习报告，检查学生学习收获		

装饰材料的分类与应用知识单元教学要求　　　　　　　　　　　　　表 22

单元名称	装饰材料的分类与应用	最低学时	20 学时
教学目标	熟悉建筑装饰材料的内容、掌握天然石材的分类及应用、掌握建筑塑料的分类及应用、掌握油漆的分类及应用、掌握涂料的分类及应用		
教学内容	知识点 1. 建筑装饰材料的内容、分类及应用 建筑装饰材料的基本要求、建筑装饰材料的分类、建筑装饰材料的选用原则 知识点 2. 天然石材的分类及应用 天然石材的种类与名称、天然花岗岩的技术性质、加工类型及应用、天然大理石的技术性质和加工类型及应用 知识点 3. 建筑塑料的分类及应用 建筑塑料基本性质、常用塑料制品的种类与性能及应用、常用建筑涂料的种类与性能及应用、常用胶粘剂的种类与性能及应用 知识点 4. 油漆、涂料的分类及应用 油漆、涂料的分类、常用油漆与涂料的基本性质和应用		
教学方法建议	1. 讲授法 2. 多媒体演示法 3. 现场教学法		
考核评价要求	1. 课堂提问 2. 完成给定的案例、五级评分 3. 根据完成的实习报告，检查学生学习收获		

民用建筑构造知识单元教学要求　　　　　　　　　　　　　表 23

单元名称	民用建筑构造	最低学时	60 学时
教学目标	熟悉民用建筑的组成与分类、掌握民用建筑中基础、墙体、楼地面、屋顶、楼梯、门窗的类型及构造		

单元名称	民用建筑构造	最低学时	60 学时
教学内容	知识点 1. 民用建筑的组成 建筑物和构筑物、建筑构造的基本要求和影响因素、构造的组成 知识点 2. 民用建筑分类 按主要承重结构材料分类、按层数和建筑高度分类 知识点 3. 基础的类型及构造 基础的类型、带形基础的构造、独立基础的构造、筏板基础的构造、箱形基础的构造、影响基础埋深的因素、地下室的构造及维护 知识点 4. 墙体的分类及构造 墙体的类型与要求、常见墙体的细部构造以及墙面的常用装修做法、变形缝构造、混合结构抗震设防构造做法 知识点 5. 楼地面的组成及构造 楼板的类型与特点、楼地面的组成、钢筋混凝土楼板与楼地面（含变形缝）及阳台雨篷的构造 知识点 6. 屋顶的类型及构造 屋顶的类型和排水方式、屋顶的柔性与半刚性以及刚性防水屋面构造、室内顶棚的构造、坡屋顶构造、屋顶的保温与隔热做法 知识点 7. 楼梯的类型及构造 楼梯的类型、楼梯组成与尺寸要求、钢筋混凝土楼梯的构造、室外台阶与坡道的构造、电梯与自动扶梯的基本组成 知识点 8. 门、窗的类型及构造 门窗的分类、门窗的构造方法、中空玻璃窗与幕墙等新型维护结构在建筑上应用和发展		
教学方法建议	1. 讲授法 2. 多媒体演示法 3. 现场教学法		
考核评价要求	1. 课堂提问 2. 完成给定的案例，五级评分 3. 根据完成的实习报告，检查学生学习收获		

工业建筑构造知识单元教学要求　　　　　　　　　　　　　　　　　表 24

单元名称	工业建筑构造	最低学时	30 学时
教学目标	熟悉工业建筑的组成与分类、掌握工业建筑中基础、墙体、楼地面、屋顶、楼梯、门窗的类型及构造		
教学内容	知识点 1. 工业建筑的组成 工业建筑与民用建筑、基本模数的数值、常用模数的数值、构造的组成 知识点 2. 工业建筑分类 按用途分类、按层数分类、按生产状况分类、按结构类型分类 知识点 3. 基础的类型及构造 基础的类型、杯型基础的构造、柱下条形基础的构造、单层工业厂房基础和基础梁的类型与特点以及构造要求 知识点 4. 墙体的分类及构造 外墙分类、砌块填充墙与板材墙以及开敞式外墙的类型与构造 知识点 5. 楼地面的组成及构造 工业厂房地面的特点与组成和要求、变形缝与地面排水和地沟以及坡道的细部构造 知识点 6. 屋顶的类型及构造 屋面的基本类型及组成、有组织排水与无组织排水、屋面防水的分类与构造做法 知识点 7. 楼梯的类型及构造 楼梯的类型、楼梯组成与尺寸要求、钢梯的细部构造 知识点 8. 门、窗的类型及构造 侧窗和大门的类型与构造做法、天窗的类型与构造		

单元名称	工业建筑构造	最低学时	30 学时
教学方法建议	1. 讲授法 2. 多媒体演示法 3. 现场教学法		
考核评价要求	1. 课堂提问 2. 完成给定的案例、五级评分 3. 根据完成的实习报告，检查学生学习收获		

建筑结构组成与基本构件知识单元教学要求 表 25

单元名称	建筑结构组成与基本构件	最低学时	20 学时
教学目标	熟悉建筑结构的组成及类型、掌握混凝土结构的基本构件		
教学内容	知识点 1. 建筑结构的组成及类型 建筑结构的概念及分类、各种结构的特点及应用范围 知识点 2. 混凝土结构的基本构件 受弯构件的受力特点与构造要求、正截面与斜截面的破坏形态及承载力计算、受压构件的受力特点与构造要求、轴心受压构件承载力计算、受扭构件的受力特点及构造要求、预应力混凝土构件的基本概念与材料及主要构造要求、各种构件的施工图		
教学方法建议	1. 讲授法 2. 多媒体演示法 3. 现场教学法		
考核评价要求	1. 课堂提问 2. 完成给定的案例，五级评分 3. 根据完成的实习报告，检查学生学习收获		

建筑结构类型及构造知识单元教学要求 表 26

单元名称	建筑结构类型及构造	最低学时	30 学时
教学目标	掌握地基与基础的受力特点及构造、掌握钢筋混凝土楼（屋）盖的类型及构造、掌握钢筋混凝土多层级高层结构的类型及构造、掌握砌体结构的种类及构造		
教学内容	知识点 1. 地基与基础的受力特点及构造 地基的类型及受力特点、基础的类型及构造、砌体基础施工图、混凝土基础施工图 知识点 2. 钢筋混凝土楼（屋）盖的类型及构造 现浇单向板肋形楼盖结构平面布置与受力特点和构造要求、现浇双向板肋形楼盖受力特点和构造要求、装配式楼盖结构平面布置和预制构件的类型与选择以及连接构造楼梯的类型与受力特点和构造要求、悬挑构件的受力特点和构造要求、各种梁板结构的施工图 知识点 3. 钢筋混凝土多层及高层结构的类型及构造 多层及高层建筑结构体系、多层框架结构的受力特点、框架结构的节点构造、现浇框架结构施工图 知识点 4. 砌体结构的种类及构造 砌体的种类及力学性能、多层砌体房屋的构造要求		

单元名称	建筑结构类型及构造	最低学时	30 学时
教学方法建议	1. 讲授法 2. 多媒体演示法 3. 现场教学法		
考核评价要求	1. 课堂提问 2. 完成给定的案例，五级评分 3. 根据完成的实习报告，检查学生学习收获		

建筑施工内容与工艺知识单元教学要求　　　　　　　　　　表 27

单元名称	建筑施工内容与工艺	最低学时	60 学时
教学目标	掌握土方工程施工、地基与基础工程施工、砌体工程施工、钢筋混凝土工程施工、预应力混凝土工程、结构吊装工程、防水工程、装饰工程、高层建筑施工内容与工艺，熟悉常用安装工程材料的名称与规格		
教学内容	知识点 1. 土方工程施工内容与工艺 土方工程特点、土的性质、定位放线、边坡与支撑、施工排水、土方开挖、地基局部处理、基坑（槽）土方量计算、场地平整土方量计算、土方调配、土料选择、填筑方法、压实方法、压实机械、影响压实的因素、土方机械化施工 知识点 2. 地基与基础工程施工内容与工艺 刚性基础、柔性基础、地基处理、地基加固、预制桩施工、灌注桩施工 知识点 3. 砌体工程施工内容与工艺 井架与门架以及施工电梯、外脚手架、里脚手架、脚手架安全设施、砖砌体施工的组砌形式、砌筑方法、施工工艺、技术要求、中小型砌块施工 知识点 4. 钢筋混凝土工程施工内容与工艺 木模板、组合钢模板、爬升模板、液压滑升模板、永久性模板、钢筋配料与代换、钢筋加工、接头连接、绑扎与安装、混凝土工程的准备工作、施工工艺、拆模、预制构件施工、现浇混凝土（GBF 高强薄壁管）空心楼盖施工 知识点 5. 预应力混凝土工程施工内容与工艺 先张法施工机械设备、后张法施工机械设备、预应力筋制作施工工艺、其他预应力施工方法简介、电热法、无粘结预应力施工、整体预应力施工 知识点 6. 结构吊装工程施工内容与工艺 起重机概述、单层工业厂房结构吊装准备工作、构件安装工艺、结构安装方案、多层装配式框架结构吊装的安装方案、构件吊装、装配式大板建筑安装的墙板安装 知识点 7. 防水工程施工内容与工艺 屋面防水工程的普通沥青卷材防水屋面、改性沥青卷材防水屋面、合成高分子卷材防水屋面、涂料防水屋面、刚性防水屋面、金属防水屋面、地下防水工程的防水方案、防水混凝土结构施工、附加防水层施工 知识点 8. 装饰工程施工内容与工艺 木门窗、钢门窗、铝合金门窗、塑料门窗、玻璃安装、顶棚施工、隔墙（断）施工、一般抹灰施工、墙面与顶棚抹灰、装饰抹灰施工、饰面工程的石材饰面板施工、陶瓷饰面砖施工、玻璃饰面施工、金属饰面施工、塑料饰面施工、玻璃幕墙施工、楼地面工程的整体式楼地面、块材楼地面、涂布楼地面、塑料楼地面、地毯楼地面、木楼地面 知识点 9. 高层建筑施工内容与工艺 高层建筑施工概述、垂直运输设备、主体施工的常用施工方法 知识点 10. 常用安装工程材料的名称与规格 暖卫及通风工程常用材料的名称与规格、电气工程常用材料的名称与规格		

单元名称	建筑施工内容与工艺	最低学时	60 学时
教学方法建议	1. 讲授法 2. 多媒体演示法 3. 现场教学法		
考核评价要求	1. 课堂提问 2. 完成给定的案例、五级评分 3. 根据完成的实习报告，检查学生学习收获		

钢筋工程量计算知识单元教学要求　　　　　　　　表 28

单元名称	钢筋工程量计算	最低学时	40 学时
教学目标	了解钢筋工程量计算依据、掌握钢筋重量的计算方法、掌握基础、柱、梁、板、墙、楼梯、预制构件的钢筋工程量计算		
教学内容	知识点 1. 钢筋工程量计算依据 钢筋工程量的概念、钢筋工程量计算时所依据的规范与图纸以及标准图集 知识点 2. 钢筋重量计算方法 钢筋重量的概念、钢筋重量的计算方法 知识点 3. 基础钢筋工程量计算 基础钢筋的识别、基础钢筋的标准图集使用、带形基础钢筋工程量计算、独立基础钢筋工程量计算、筏板基础钢筋工程量计算 知识点 4. 柱钢筋工程量计算 柱钢筋的识别、柱钢筋的标准图集使用、矩形柱钢筋工程量计算、异形柱钢筋工程量计算、构造柱钢筋工程量计算 知识点 5. 梁钢筋工程量计算 梁钢筋的识别、梁钢筋的标准图集使用、框架梁钢筋工程量计算、圈梁钢筋工程量计算、过梁钢筋工程量计算 知识点 6. 板钢筋工程量的计算 板钢筋的识别、板钢筋的标准图集使用、有梁板钢筋工程量计算、无梁板钢筋工程量计算、平板钢筋工程量计算 知识点 7. 墙钢筋工程量的计算 墙钢筋的识别、墙钢筋的标准图集使用、剪力墙钢筋工程量计算 知识点 8. 楼梯钢筋工程量计算 楼梯钢筋的识别、楼梯钢筋的标准图集使用、楼梯钢筋工程量计算 知识点 9. 预制构件钢筋工程量计算 预制构件钢筋的识别、预制构件钢筋的标准图集使用、预制柱钢筋工程量计算、预制梁钢筋工程量计算、预制板钢筋工程量计算		
教学方法建议	1. 讲授法 2. 案例教学法 3. 多媒体演示法 4. 小组讨论法 5. 螺旋进度教学法		
考核评价要求	1. 课堂提问 2. 完成给定的案例、五级评分 3. 学生自评		

建筑工程预算定额应用知识单元教学要求　　　　　　　　　　　　　　　**表 29**

单元名称	建筑工程预算定额应用	最低学时	10 学时
教学目标	熟悉预算定额的内容构成、掌握预算定额的换算		
教学内容	知识点 1. 预算定额的内容构成 预算定额的概念、预算定额的分类、预算定额的构成、预算定额的应用 知识点 2. 预算定额的换算 预算定额换算的概述、材料换算、系数换算、其他换算		
教学方法建议	1. 讲授法 2. 案例教学法 3. 小组讨论法		
考核评价要求	1. 课堂提问 2. 完成给定的案例，五级评分 3. 学生自评		

建筑安装工程费用划分与计算方法知识单元教学要求　　　　　　　　　　**表 30**

单元名称	建筑安装工程费用划分与计算方法	最低学时	10 学时
教学目标	熟悉建筑安装工程费用划分、掌握建筑安装工程费用计算方法		
教学内容	知识点 1. 建筑安装工程费用划分 建筑安装工程费用的概念、建筑安装工程费用的划分 知识点 2. 建筑安装工程费用计算方法 直接工程费的计算、措施费的计算、间接费的计算、利润的计算、税金的计算、工程造价的计算		
教学方法建议	1. 讲授法 2. 案例教学法 3. 小组讨论法		
考核评价要求	1. 课堂提问 2. 完成给定的案例，五级评分 3. 学生自评		

单元名称	建筑工程量计算	最低学时	60 学时
教学目标	掌握建筑面积计算规则、掌握建筑工程量计算方法		
教学内容	知识点 1. 建筑面积计算 建筑面积计算的作用、建筑面积计算规范的使用、建筑面积的计算 知识点 2. 土石方工程量计算 平整场地工程量计算、挖基础土方工程量计算、挖土方工程量计算、石方打眼爆破工程量计算、凿槽坑石方工程量计算、土方回填工程量计算、土方运输工程量计算 知识点 3. 砖石分部工程量计算 带形砖基础工程量计算、独立砖基础工程量计算、砖柱工程量计算、砖墙工程量计算、砌体墙工程量计算 知识点 4. 脚手架工程量计算 综合脚手架工程量计算、单项脚手架工程量计算 知识点 5. 混凝土分部工程量计算 混凝土基础垫层工程量计算、混凝土基础工程量计算、混凝土柱工程量计算、混凝土梁工程量计算、混凝土板工程量计算、混凝土墙工程量计算、混凝土楼梯工程量计算、混凝土预制构件工程量计算、其他混凝土构件工程量计算 知识点 6. 金属结构工程量计算 钢柱工程量计算、钢梁工程量计算、钢屋架工程量计算 知识点 7. 门窗工程量计算 门工程量计算、窗工程量计算、门联窗工程量计算 知识点 8. 楼地面工程量计算 地面垫层工程量计算、地面面层工程量计算、找平层工程量计算 知识点 9. 屋面工程量计算 平屋面工程量计算、坡屋面工程量计算、屋面保温层工程量计算、屋面防水层工程量计算、屋面保护层工程量计算		
教学方法建议	1. 讲授法 2. 案例教学法 3. 多媒体演示法 4. 小组讨论法 5. 现场教学法 6. 螺旋进度教学法		
考核评价要求	1. 课堂提问 2. 完成给定的案例、五级评分 3. 根据完成的实习报告,检查学生学习收获		

单元名称	建筑工程造价费用计算	最低学时	10 学时
教学目标	掌握直接费计算及工料机用量分析、掌握间接费计算、掌握利润与税金计算		
教学内容	知识点 1. 直接费计算及工料机用量分析 直接工程费计算、措施费计算、工料机用量分析 知识点 2. 间接费计算 规费计算、企业管理费计算 知识点 3. 利润与税金计算 利润计算、税金的构成、税金计算		
教学方法建议	1. 讲授法 2. 多媒体演示法 3. 案例教学法 4. 小组讨论法 5. 螺旋进度教学法		
考核评价要求	1. 课堂提问 2. 完成给定的案例、五级评分 3. 学生自评		

单元名称	装饰工程预算定额应用	最低学时	10 学时
教学目标	熟悉装饰工程预算定额的内容构成、掌握装饰工程预算定额的换算		
教学内容	知识点 1. 装饰工程预算定额的内容构成 装饰工程预算定额的概念、装饰工程预算定额的分类、装饰工程预算定额的构成、装饰工程预算定额的应用 知识点 2. 装饰工程预算定额的换算 装饰工程预算定额换算的概述、材料厚度换算、砂浆配合比换算、系数换算、其他换算		
教学方法建议	1. 讲授法 2. 多媒体演示法 3. 案例教学法 4. 小组讨论法		
考核评价要求	1. 课堂提问 2. 完成给定的案例、五级评分 3. 根据完成的实习报告，检查学生学习收获 4. 学生自评		

单元名称	装饰工程量计算	最低学时	20 学时
教学目标	掌握装饰工程量计算		
教学内容	知识点 1. 楼地面工程量计算 找平层工程量计算、楼地面整体面层工程量计算、楼地面块料面层工程量计算、踢脚线工程量计算 知识点 2. 墙柱面工程量计算 墙面抹灰工程量计算、柱（梁）面抹灰工程量计算、零星抹灰工程量计算、墙面镶贴块料面层工程量计算、柱面镶贴块料面层工程量计算、零星镶贴块料工程量计算、墙饰面工程量计算、柱（梁）面装饰工程量计算、隔断工程量计算、幕墙工程量计算 知识点 3. 天棚工程量计算 天棚抹灰工程量计算、天棚吊顶工程量计算、天棚其他装饰工程量计算 知识点 4. 门窗工程量计算 木门工程量计算、金属门工程量计算、木窗工程量计算、金属窗工程量计算、塑钢窗工程量计算、门套窗工程量计算、窗帘盒、窗帘轨工程量计算 知识点 5. 油漆与涂料工程量计算 门油漆工程量计算、窗油漆工程量计算、木扶手油漆工程量计算、木材面油漆工程量计算、金属面油漆工程量计算、抹灰面油漆工程量计算、喷刷涂料工程量计算、裱糊工程量计算		
教学方法建议	1. 讲授法 2. 多媒体演示法 3. 案例教学法 4. 小组讨论法 5. 现场教学法 6. 螺旋进度教学法		
考核评价要求	1. 课堂提问 2. 完成给定的案例、五级评分 3. 根据完成的实习报告，检查学生学习收获 4. 学生自评		

装饰工程造价费用计算知识单元教学要求　表 35

单元名称	装饰工程造价费用计算	最低学时	10 学时
教学目标	掌握直接费计算及工料机用量分析、掌握间接费计算、掌握利润与税金计算		
教学内容	知识点 1. 直接费计算及工料机用量分析 直接工程费计算、措施费计算、工料机用量分析 知识点 2. 间接费计算 规费计算、企业管理费计算 知识点 3. 利润与税金计算 利润计算、税金的构成、税金计算		

单元名称	装饰工程造价费用计算	最低学时	10 学时
教学方法建议	1. 讲授法 2. 多媒体演示法 3. 案例教学法 4. 小组讨论法		
考核评价要求	1. 课堂提问 2. 完成给定的案例、五级评分 3. 根据完成的实习报告，检查学生学习收获 4. 学生自评 5. 螺旋进度教学法		

建筑工程量计算软件知识单元教学要求　　　　　　　　　　　　　　表 36

单元名称	建筑工程量计算软件	最低学时	30 学时
教学目标	掌握建筑工程量软件的使用		
教学内容	知识点 1. 建筑工程量计算软件应用 建筑工程量计算软件的使用、运用软件计算建筑工程量、上机操作实例 知识点 2. 钢筋工程量计算软件应用 运用软件计算基础钢筋工程量、柱钢筋工程量、梁钢筋工程量、板钢筋工程量、墙钢筋工程量、楼梯钢筋工程量、预制构件钢筋工程量、其他构件钢筋工程量，运用软件计算钢筋工程量的实例		
教学方法建议	1. 讲授法 2. 多媒体演示法 3. 案例教学法 4. 小组讨论法 5. 螺旋进度教学法		
考核评价要求	1. 课堂提问 2. 完成给定的案例、五级评分 3. 学生自评		

建筑工程计价软件知识单元教学要求　　　　　　　　　　　　　　表 37

单元名称	建筑工程计价软件应用	最低学时	10 学时
教学目标	掌握建筑工程计价软件的使用		
教学内容	知识点 1. 建筑工程计价软件应用 建筑工程计价软件的使用、运用软件计算建筑工程造价、上机实例		
教学方法建议	1. 讲授法 2. 多媒体演示法 3. 案例教学法 4. 小组讨论法 5. 螺旋进度教学法		
考核评价要求	1. 课堂提问 2. 完成给定的案例、五级评分 3. 学生自评		

单元名称	工程量清单编制	最低学时	20 学时
教学目标	理解清单计价与定额计价的联系与区别、熟悉工程量清单计价规范内容、掌握工程量清单各表格的填写方法		
教学内容	知识点 1. 工程量清单计价规范概述 《建设工程工程量清单计价规范》的作用、《建设工程工程量清单计价规范》的主要内容 知识点 2. 清单计价与定额计价的联系与区别 清单计价与定额计价的联系、清单计价与定额计价的区别 知识点 3. 工程量清单计价表格使用 分部分项工程量清单及计价表、措施项目清单及计价表、规费税金项目计价表、主要材料价格表、单位工程费用汇总表、单项工程费用汇总表、工程项目费用汇总表及总说明和封页的填写方法、清单及报价表的装订 知识点 4. 建筑工程量清单编制 建筑工程各分部清单工程量计算（含措施项目）、建筑工程分部分项工程量清单编制、建筑工程措施项目清单编制、建筑工程其他项目清单编制、暂列金额确定、暂估价（专业工程暂估、材料暂估）确定、建筑工程规费税金项目清单编制、建筑工程总说明及封页填写、建筑工程工程量清单编制案例 知识点 5. 装饰装修工程量清单编制 装饰装修工程各分部清单工程量计算（含措施项目）、装饰装修工程分部分项工程量清单编制、装饰装修工程措施项目清单编制、装饰装修工程其他项清单编制、暂列金额确定、暂估价（专业工程暂估、材料暂估）确定、装饰装修工程规费税金项目清单编制、装饰装修工程总说明及封页填写、装饰装修工程工程量清单编制案例 知识点 6. 安装工程量清单编制 安装工程各分部清单工程量计算（含措施项目）、安装工程分部分项工程量清单编制、安装工程措施项目清单编制、安装工程其他项清单编制、暂列金额确定、暂估价（专业工程暂估、材料暂估）确定、安装工程规费税金项目清单编制、安装工程总说明及封页填写、安装工程工程量清单编制案例		
教学方法建议	1. 讲授法 2. 多媒体演示法 3. 案例教学法 4. 小组讨论法 5. 螺旋进度教学法		
考核评价要求	1. 课堂提问 2. 完成给定的案例、五级评分 3. 学生自评		

单元名称	工程量清单报价编制	最低学时	30 学时
教学目标	掌握清单计价的编制方法		
教学内容	知识点 1. 分部分项工程量清单项目综合单价编制 分部分项工程项目组价工程量计算方法、分部分项工程项目综合单价编制方法、分部分项工程量清单项目综合单价编制案例 知识点 2. 措施项目清单项目综合单价编制 措施项目组价工程量计算方法、措施项目综合单价编制方法、措施项目清单项目综合单价编制案例 知识点 3. 分部分项工程量清单项目费计算 分部分项工程费计算方法、分部分项工程费计算案例 知识点 4. 措施项目清单费计算 按费率计算措施项目费方法、措施项目费率选择、按综合单价计算措施项目的方法、措施项目费计算案例 知识点 5. 其他项目清单费计算 暂列金额与暂估价处理方法、总承包服务费及计日工的计算方法、其他项目费计算方法、其他项目费计算案例 知识点 6. 规费项目清单费计算 规费项目计算基础确定、规费费率选择、规费计算案例 知识点 7. 税金项目清单费计算 税金计算基础确定、税金税率选择、税金计算案例		
教学方法建议	1. 讲授法 2. 多媒体演示法 3. 案例教学法 4. 小组讨论法 5. 螺旋进度教学法		
考核评价要求	1. 课堂提问 2. 完成给定的案例、五级评分 3. 学生自评		

建筑工程项目管理知识单元教学要求　　表 40

单元名称	建筑工程项目管理	最低学时	70 学时
教学目标	理解项目管理的内容、熟悉建筑工程施工项目管理规划的基本理论、掌握项目管理的方法		

单元名称	建筑工程项目管理	最低学时	70 学时
教学内容	知识点 1. 建筑工程项目管理 项目管理的概念、建筑工程项目管理的内容与方法及项目管理规范、建筑工程项目管理的目标、建筑工程项目管理规划、建筑工程项目管理的主体、政府有关主管部门的建设管理 知识点 2. 建筑工程项目管理组织 建筑工程项目管理的组织机构、建筑工程项目经理部、建筑工程项目的承包风险与管理、建筑工程建造师制度 知识点 3. 流水施工的组织 流水施工的基本概念、流水施工的主要参数、流水施工的分类、流水施工的基本组织方式 知识点 4. 网络计划技术 网络计划技术的基本知识、时标网络计划技术、时标网络计划技术、搭接网络计划技术、网络计划的优化 知识点 5. 建筑工程施工组织 工程施工组织设计的作用、编制程序、编制依据、编制内容、编制的基本原则、工程概况、施工方案、施工进度计划、施工平面布置图、工程实例 知识点 6. 建筑工程项目成本管理 建筑工程项目成本管理的基本内容、管理原则、控制要点、控制途径 知识点 7. 建筑工程施工质量、安全和文明施工管理 建筑工程全面质量管理、质量体系认证、工程质量管理的基本方法和工程施工质量的分析与处理、施工现场安全管理的制度、施工现场安全管理的内容与要求、施工现场文明施工的基本内容与要求 知识点 8. 建筑工程质量验收、备案和保修 建筑工程质量验收的基本规定与程序、建筑工程质量验收的组织和方法、建筑工程备案制度与资料的整理、保修的基本概念与有关规定 知识点 9. 建筑工程项目信息管理 建筑工程项目信息管理的基本内容、建筑工程项目信息管理的程序和方法、建筑工程项目管理软件的应用
教学方法建议	1. 讲授法 2. 案例教学法 3. 小组讨论法
考核评价要求	1. 课堂提问 2. 完成给定的案例，五级评分 3. 学生学习成果展示，完成自评

单元名称	建筑工程资料管理	最低学时	30 学时
教学目标	理解建筑工程资料管理的相关制度、熟悉建筑工程资料管理的内容、掌握管理方法		
教学内容	知识点 1. 建筑工程资料管理的内容和相关制度 建设工程资料管理的意义、建设工程项目信息管理的应用、建设工程资料管理职责、建设工程资料管理的内容 知识点 2. 建筑工程签证资料的管理方法 工程签证资料的范围、办理工程签证的程序、工程签证单据的内容、工程签证的时效、工程签证的责任、工程签证的确认 知识点 3. 建筑工程索赔资料的管理方法 工程索赔资料的范围、办理工程索赔的程序、工程索赔单据的内容、工程索赔的时效、工程索赔的确认 知识点 4. 建筑工程竣工资料的管理方法 竣工资料的编制内容、竣工资料的编制原则、竣工资料的编制要求 知识点 5. 建筑工程其他技术资料的内容及管理方法 其他技术资料内容，其他技术资料的管理方法		
教学方法建议	1. 讲授法 2. 案例教学法 3. 小组讨论法		
考核评价要求	1. 课堂提问 2. 完成给定的案例，五级评分 3. 学生学习成果展示，完成自评		

单元名称	建筑工程量调整	最低学时	20 学时
教学目标	理解结算编制步骤、熟悉结算资料的复核方法、掌握工程量增减计算方法		
教学内容	知识点 1. 工程结算编制步骤 工程结算分类、工程结算编制依据、工程结算编制方法、工程结算编制步骤 知识点 2. 结算资料整理和审核 结算资料包含的内容、结算资料的整理、结算资料的审核方法 知识点 3. 工程量变更及工程索赔资料复核 工程变更资料的复核、工程索赔资料复核 知识点 4. 工程量增减计算 依据竣工图计算增加工程量、依据变更或索赔资料计算工程量、工程量增减计算案例		
教学方法建议	1. 讲授法 2. 多媒体演示法 3. 案例教学法 4. 小组讨论法 5. 螺旋进度教学法		
考核评价要求	1. 课堂提问 2. 完成给定的案例，五级评分 3. 学生自评		

单元名称	建筑工程费用调整	最低学时	20 学时
教学目标	熟悉费用调整类别及依据、掌握各种费用调整方法		
教学内容	知识点 1. 人工费调整计算 人工费调整依据、人工费调整方法、人工费调整计算案例 知识点 2. 材料费调整计算 材料费调整依据、材料费调整方法、材料费调整计算案例 知识点 3. 机械台班费调整计算 机械台班费调整依据、机械台班费调整方法、机械台班费调整计算案例 知识点 4. 管理费调整计算 管理费调整依据、管理费调整方法、管理费调整计算案例		
教学方法建议	1. 讲授法 2. 多媒体演示法 3. 案例教学法 4. 小组讨论法		
考核评价要求	1. 课堂提问 2. 完成给定的案例，五级评分 3. 学生自评		

建筑工程结算书编制知识单元教学要求　　表 44

单元名称	建筑工程结算书编制	最低学时	10 学时
教学目标	熟悉工程计算书编制步骤、掌握利润税金调整方法		
教学内容	知识点 1. 利润和税金调整计算 利润和税金调整依据、利润和税金调整方法、利润和税金调整计算案例 知识点 2. 汇总编出工程结算书 工程结算书编制步骤、工程结算书编制方法、工程计算书编制案例		
教学方法建议	1. 讲授法 2. 多媒体演示法 3. 案例教学法 4. 小组讨论法		
考核评价要求	1. 课堂提问 2. 完成给定的案例，五级评分 3. 学生自评		

（3）安装工程造价专业核心知识单元教学要求

安装工程项目管理知识单元教学要求

表 45

单元名称	安装工程项目管理	最低学时	20 学时
教学目标	1. 了解安装工程项目管理 2. 了解安装工程项目管理组织 3. 熟悉流水施工的组织 4. 掌握网络计划技术 5. 熟悉安装工程施工组织 6. 掌握安装工程项目成本管理 7. 熟悉安装工程施工质量、安全和文明施工管理 8. 熟悉安装工程质量验收、备案和保修 9. 熟悉安装工程项目信息管理		
教学内容	知识点 1. 安装工程项目信息管理内容 建设工程项目信息的目的和任务、建设工程项目信息的分类、编码和处理方法，建设工程管理信息化及建设工程项目管理系统的功能 知识点 2. 安装工程项目管理组织 工程项目组织的概念、工程项目组织的基本结构、工程项目组织与项目管理组织的概念、项目组织的基本原则 知识点 3. 流水施工的组织 流水施工基本理论和方法、流水施工的基本概念、水流施工的分类及表达方式、流水施工的参数、流水施工基本组织方式和工程时间应用 知识点 4. 网络计划技术 单代号网络图的概念、双代号网络图的绘制方法、时间参数的计算、时标网络计划的绘制方法和在计算机中的应用举例说明 知识点 5. 安装工程施工组织 安装工程施工总设计概述、施工总进度计划的编制、施工准备工作计划及各项资源需要量计划 知识点 6. 安装工程项目成本管理 项目成本管理的主要过程、成本管理的基本术语（成本预测、成本计划、成本控制、成本核算、成本分析、成本考核）、成本管理的任务与措施、成本计划的类型、成本计划的编制 知识点 7. 安装工程施工质量、安全和文明施工管理 安装工程施工质量管理的概念和措施、安装工程安全生产管理的概念和措施、安装工程文明施工管理的概念和措施 知识点 8. 安装工程质量验收、备案和保修 单位工程验收的概念和划分、工程施工质量验收要求、安装工程竣工验收备案		
教学方法建议	1. 讲授法 2. 案例教学法 3. 多媒体演示法		
考核评价要求	1. 课堂提问 2. 完成给定的案例，五级评分		

单元名称	安装工程资料管理	最低学时	4 学时
教学目标	1. 了解安装工程资料管理的内容和相关制度 2. 掌握安装工程签证资料的管理方法 3. 掌握安装工程索赔资料的管理方法 4. 熟悉安装工程竣工资料的管理方法 5. 熟悉安装工程其他技术资料的内容及管理方法		
教学内容	知识点 1. 安装工程资料管理的内容和相关制度 安装工程资料管理的意义、安装工程项目信息管理的应用、安装工程资料管理职责、安装工程资料管理的内容 知识点 2. 安装工程签证资料的管理方法 工程签证资料的范围、办理工程签证的程序、工程签证单据的内容、工程签证的时效、工程签证的责任、工程签证的确认 知识点 3. 安装工程索赔资料的管理方法 工程索赔资料的范围、办理工程索赔的程序、工程索赔单据的内容、工程索赔的时效、工程索赔的确认 知识点 4. 安装工程竣工资料的管理方法 竣工资料的编制内容、竣工资料的编制原则、竣工资料的编制要求 知识点 5. 安装工程其他技术资料的内容及管理方法 市政工程其他技术资料的内容、市政工程其他技术资料的管理方法		
教学方法建议	1. 讲授法 2. 案例教学法 3. 多媒体演示法		
考核评价要求	1. 课堂提问 2. 完成给定的案例，五级评分		

单元名称	安装材料计划与采购管理	最低学时	10 学时
教学目标	1. 了解计划管理的内容与方法 2. 了解采购管理的内容与方法 3. 了解运输管理的内容与方法 4. 了解储备管理的内容与方法 5. 熟悉施工现场材料管理的内容与方法 6. 掌握周转材料、工具、劳动保护用品管理的内容与方法		

单元名称	安装材料计划与采购管理	最低学时	10 学时
教学内容	知识点 1. 计划管理的内容与方法 计划成本、采购计划、资金计划 知识点 2. 采购管理的内容与方法 采购申请、采购审核、采购任务清单 知识点 3. 运输管理的内容与方法 及时补缺、安全运输、经济合理 知识点 4. 储备管理的内容与方法 经常储备、保险储备、季节储备 知识点 5. 施工现场材料管理的内容与方法 施工前期、施工过程、施工后期 知识点 6. 周转材料、工具、劳动保护用品管理的内容与方法 使用、养护、维修、改制、核算		
教学方法建议	1. 讲授法 2. 案例教学法 3. 多媒体演示法		
考核评价要求	1. 课堂提问 2. 完成给定的案例，五级评分		

生活给水排水系统识图与施工知识单元教学要求　　　　　　　　表 48

单元名称	生活给水排水系统识图与施工	最低学时	6 学时
教学目标	1. 了解生活给水排水系统的组成 2. 熟悉生活给水排水系统的常用材料 3. 掌握生活给水管道、排水管道安装的基本技术要求 4. 掌握给水排水系统识图方法		
教学内容	知识点 1. 生活给水排水系统的组成 引入管、水表节点、给水水管道系统、给水附件、升压设备、蓄水设备、卫生洁具、排水管道、清通装置、抽升系统 知识点 2. 生活给水排水系统的常用材料 生活给水系统的常用材料：管材及其连接方式、阀门水表； 生活排水系统的常用材料：管材及其连接方式、卫生洁具、清通设备 知识点 3. 生活给水管道、排水管道安装的基本技术要求 给水管道安装技术要求，排水管道安装技术要求 知识点 4. 给水排水系统识图的方法		
教学方法建议	1. 讲授法 2. 案例教学法 3. 小组讨论法		
考核评价要求	1. 课堂提问 2. 完成给定的案例，五级评分 3. 学生学习成果的展示，完成自评		

消防工程识图与施工知识单元教学要求   表 49

单元名称	消防工程识图与施工	最低学时	6 学时
教学目标	1. 了解消防水灭火系统介绍 2. 了解消防水灭火系统施工的基本技术要求 3. 熟悉消防水灭火系统常用材料 4. 掌握消防水灭火系统组成及识图方法		
教学内容	知识点 1. 消防工程介绍 室内外消火栓系统、自动喷水灭火系统及气体灭火系统 知识点 2. 消防水灭火系统组成 消火栓口、水枪、水带、消火栓箱、自救式软管；喷头、报警阀组、水流指示器、信号阀、末端试水装置 知识点 3. 消防水灭火系统常用材料 镀锌钢管、调和漆、防锈漆、型钢 知识点 4. 消防水灭火系统施工的基本技术要求 施工前材料及设备检查，施工过程中的质量控制，竣工验收标准 知识点 5. 消防水灭火系统识图的方法		
教学方法建议	1. 讲授法 2. 案例教学法 3. 小组讨论法		
考核评价要求	1. 课堂提问 2. 完成给定案例，五星评分 3. 学生学习成功展示，完成自评		

室内采暖工程识图与施工知识单元教学要求   表 50

单元名称	室内采暖工程识图与施工	最低学时	6 学时
教学目标	1. 了解采暖系统施工的基本技术要求 2. 熟悉采暖系统常用的材料 3. 掌握采暖系统的分类与组成		
教学内容	知识点 1. 采暖系统的分类与组成 热水供暖系统、蒸汽供暖系统、热风采暖系统；地面层、绝热保温层、结构层、地热管材、热源或热水输送管道、分集水器、调控阀门、温控器及电热执行器等 知识点 2. 采暖系统常用的材料 镀锌钢管、PPR 管、复合管 知识点 3. 采暖系统施工的基本技术要求 施工前材料及设备检查，施工过程中的质量控制，竣工验收标准 知识点 4. 采暖工程识图的方法		
教学方法建议	1. 讲授法 2. 案例教学法 3. 小组讨论法		
考核评价要求	1. 课堂提问 2. 完成给定案例，五星评分 3. 学生学习成功展示，完成自评		

单元名称	通风空调工程识图与施工	最低学时	12 学时
教学目标	1. 了解空调系统的制冷原理 2. 熟悉通风与空调系统的组成 3. 掌握通风与空调系统施工的基本技术要求及识图方法		
教学内容	知识点 1. 空调系统的制冷原理——以水冷式螺杆制冷主机的原理为例 知识点 2. 通风与空调系统的组成 ① 通风系统的组成：通风机、室外进风装置、室外排风装置、室内送风口、排风口、风管、风阀； ② 建筑防排烟系统的组成：消防高温防排烟风机、防火阀、防火排烟阀、正压送风口、竖直烟道； ③ 空调风系统的组成：空气处理设备（新风机、风机盘管）、消声器、静压箱、风管、风口、风阀、保温材料； ④ 空调水系统的组成：制冷主机、冷冻水泵、冷却水泵、玻璃钢冷却塔、集水器、分水器、电子水处理器、管道系统、管道附件、保温材料、运行调节温度的控制设备 知识点 3. 通风与空调系统施工的基本技术要求 （1）通风机安装的基本技术要求； （2）风管安装的基本技术要求； （3）空调水管的安装工艺流程及安装的基本技术要求 知识点 4. 通风空调工程识图的方法		
教学方法建议	1. 讲授法 2. 案例教学法 3. 小组讨论法		
考核评价要求	1. 课堂提问 2. 完成给定的案例，五级评分 3. 学生学习成果的展示，完成自评		

照明系统识图与施工知识单元教学要求 表 52

单元名称	照明系统识图与施工	最低学时	12 学时
教学目标	1. 熟悉照明系统的组成、照明系统常用的材料 2. 掌握照明系统施工基本技术要求及识图方法		
教学内容	知识点 1. 照明系统的组成 配电系统组成：进户线、总配电箱、干线、分配电箱、支线、照明器具、调试 知识点 2. 照明系统常用的材料 电缆种类规格、管线种类规格、常用照明配电箱种类规格、照明器具种类规格 知识点 3. 照明系统施工基本技术要求 电缆敷设、管线敷设、常用照明配电箱安装、照明器具安装的施工工艺及基本技术要求 知识点 4. 照明系统识图的方法		

单元名称	照明系统识图与施工	最低学时	12 学时
教学方法建议	1. 讲授法 2. 案例教学法 3. 多媒体演示法 4. 小组讨论法 5. 现场教学法 6. 螺旋进度教学法		
考核评价要求	1. 课堂提问 2. 完成给定的案例、五级评分 3. 根据完成的实习报告，检查学生学习收获		

防雷与接地装置识图与施工知识单元教学要求　　　　表 53

单元名称	防雷与接地装置识图与施工	最低学时	6 学时
教学目标	1. 熟悉防雷与接地装置的组成、防雷与接地装置常用的材料 2. 掌握防雷与接地装置施工基本技术要求及识图方法		
教学内容	知识点 1. 防雷与接地装置的组成 接地装置、接闪器、引下线三大部分组成 知识点 2. 防雷与接地装置常用的材料 接地装置常用材料、接闪器常用材料、引下线常用材料、等电位联接常用材料、门窗接地常用材料 知识点 3. 防雷与接地装置施工基本技术要求 接地装置、接闪器、引下线、等电位联接、门窗接地施工工艺 知识点 4. 防雷与接地装置识图的方法		
教学方法建议	1. 讲授法 2. 案例教学法 3. 多媒体演示法 4. 小组讨论法 5. 现场教学法 6. 螺旋进度教学法		
考核评价要求	1. 课堂提问 2. 完成给定的案例，五级评分 3. 根据完成的实习报告，检查学生学习收获		

室内电视、电话及网络系统识图与施工知识单元教学要求　　　　表 54

单元名称	室内电视、电话及网络系统识图与施工	最低学时	6 学时
教学目标	1. 了解室内电视、电话及网络系统施工的基本技术要求 2. 熟悉室内电视、电话及网络系统常用材料 3. 掌握室内电视、电话及网络系统组成及识图方法		
教学内容	知识点 1. 室内电视、电话及网络系统组成 智能箱、信号传输线缆、信号终端 知识点 2. 室内电视、电话及网络系统常用材料 分配器、分支器、同轴电缆、双绞线、电视插座、电话插座、网络插座 知识点 3. 室内电视、电话及网络系统施工基本技术要求 施工前材料及设备检查，施工过程中的质量控制，竣工验收标准 知识点 4. 室内电视、电话及网络系统的识图		
教学方法建议	1. 讲授法 2. 案例教学法 3. 小组讨论法		
考核评价要求	1. 课堂提问 2. 完成给定案例，五级评分 3. 学生学习成果展示，完成自评		

火灾自动报警系统识图与施工知识单元教学要求　　　　表 55

单元名称	火灾自动报警系统识图与施工	最低学时	6 学时
教学目标	1. 了解火灾自动报警系统施工的基本技术要求 2. 熟悉火灾自动报警系统常用的材料 3. 掌握火灾自动报警系统组成及识图方法		
教学内容	知识点 1. 火灾自动报警系统组成 火灾报警控制器、火灾探测器、火灾报警按钮、消防广播系统、消防报警电话系统、备用电源、自动报警系统调试等 知识点 2. 火灾自动报警系统常用材料 镀锌钢管、阻燃线缆、耐火线缆 知识点 3. 火灾自动报警系统施工基本技术要求 施工前材料及设备检查，施工过程中的质量控制，竣工验收标准 知识点 4. 火灾自动报警系统识图的方法		
教学方法建议	1. 讲授法 2. 案例教学法 3. 小组讨论法		
考核评价要求	1. 课堂提问 2. 完成给定案例，五级评分 3. 学生学习成果展示，完成自评		

单元名称	10kV 以下变配电工程识图与施工	最低学时	6 学时
教学目标	1. 了解 10kV 以下变配电工程的组成 2. 熟悉 10kV 以下变配电工程主要设备 3. 掌握 10kV 以下变配电工程的安装工艺及识图方法		
教学内容	知识点 1. 10kV 以下变配电的原理 交流电、变压、传输损耗 知识点 2. 10kV 以下变配电设备与材料 变压器、电缆、母线、高压柜、低压柜、断路器、隔离开关、负荷开关、电容器 知识点 3. 10kV 以下变配电工程的安装技术要求 电缆沟施工、电缆敷设、母线安装、变压器安装、开关柜组装、开关柜安装、系统测试 知识点 4. 10kV 以下变配电工程识图的方法		
教学方法建议	1. 讲授法 2. 现场教学法		
考核评价要求	1. 课堂提问 2. 实际施工图识图，看懂施工图 3. 学生学习成果的展示，完成自评		

单元名称	安装工程消耗量定额的应用	最低学时	6 学时
教学目标	1. 熟悉消耗量定额的构成 2. 掌握消耗量定额的换算		
教学内容	知识点 1. 耗量定额的构成 消耗定额的概念、预算定额的分类、预算定额的构成、预算定额的应用 知识点 2. 消耗定额的换算 消耗定额换算的概述、材料换算、系数换算、其他换算		
教学方法建议	1. 讲授法 2. 案例教学法 3. 小组讨论法		
考核评价要求	1. 课堂提问 2. 完成给定案例，五级评分 3. 学生学习成果展示，完成自评		

      表 58

单元名称	安装工程造价费用计算	最低学时	6 学时
教学目标	1. 掌握直接费计算及工料机分析 2. 掌握间接费计算，掌握利润和税金计算		
教学内容	知识点 1. 直接费计算及工料机分析 直接工程费计算、措施费计算、工料机用量分析 知识点 2. 间接费计算 规费计算、企业管理费计算 知识点 3. 利润和税金计算 利润计算、税金的构成、税金计算		
教学方法建议	1. 讲授法 2. 案例教学法 3. 小组讨论法 4. 多媒体演示法 5. 螺旋进度教学法		
考核评价要求	1. 课堂提问 2. 完成给定的案例，五级评分 3. 学生自评		

生活给水排水系统工程量计算知识单元教学要求   **表 59**

单元名称	生活给水排水系统工程量计算	最低学时	12 学时
教学目标	1. 掌握生活给排水施工图的识读 2. 掌握生活给排水系统的清单列项 3. 掌握生活给排水系统的清单算量 4. 掌握生活给排水系统的清单套价		
教学内容	知识点 1. 生活给排水系统的清单列项 给水管道清单列项、排水管道清单列项、卫生洁具清单列项、管道附件清单列项、土方清单列项 知识点 2. 生活给排水系统的清单算量 给水管道清单算量、排水管道清单算量、卫生洁具清单算量、管道附件清单算量、土方清单算量		
教学方法建议	1. 讲授法 2. 案例教学法 3. 小组讨论法		
考核评价要求	1. 课堂提问 2. 完成给定的案例，五级评分 3. 学生学习成果展示，完成自评		

单元名称	消防工程工程量计算	最低学时	12 学时
教学目标	1. 了解气体灭火系统工程量计算 2. 掌握消火栓给水系统工程量计算 3. 掌握自动喷水系统工程量计算		
教学内容	知识点 1. 消火栓给水系统工程量计算 消火栓水泵、消火栓管道、阀门、消火栓、水泵接合器、管道支架、管道刷油等工程量的计算 知识点 2. 自动喷水系统工程量计算 自动喷淋水泵、喷淋管道、湿式报警阀、信号阀、水流指示器、末端试水装置、喷头、水泵接合器、管道支架、管道刷油等工程量的计算 知识点 3. 气体灭火系统工程量计算 气体灭火装置、管道、气体喷头、气体灭火控制系统等工程量的计算		
教学方法建议	1. 讲授法 2. 案例教学法 3. 小组讨论法		
考核评价要求	1. 课堂提问 2. 完成给定案例，五级评分 3. 学生学习成果展示，完成自评		

单元名称	室内采暖工程工程量计算	最低学时	8 学时
教学目标	1. 掌握采暖管道工程量计算 2. 掌握采暖设备工程量计算 3. 掌握采暖器具工程量计算		
教学内容	知识点 1. 采暖管道工程量计算 采暖管道（含供水管、回水管）、阀门、管道保温、管道刷油、管道支架等工程量的计算 知识点 2. 采暖设备工程量计算 锅炉、散热器等工程量的计算 知识点 3. 采暖系统附属设施工程量计算 膨胀水箱、排气装置、阀门等工程量的计算		
教学方法建议	1. 讲授法 2. 案例教学法 3. 小组讨论法		
考核评价要求	1. 课堂提问 2. 完成给定案例，五级评分 3. 学生学习成果展示，完成自评		

通风与空调工程工程量计算知识单元教学要求　　　　表 62

单元名称	通风与空调工程工程量计算	最低学时	12 学时
教学目标	1. 掌握通风与空调工程的清单列项 2. 掌握通风与空调工程的清单算量 3. 掌握通风与空调工程的清单套价		
教学内容	知识点 1. 掌握通风与空调系统的清单列项 通风管道清单列项、通风空调设备的清单列项、通风空调部件的清单列项、通风空调工程检测与调试清单列项 知识点 2. 通风空调系统的清单算量 通风管道清单算量、通风空调设备的清单算量、通风空调部件的清单算量、通风空调工程检测与调试清单算量		
教学方法建议	1. 讲授法 2. 案例教学法 3. 小组讨论法		
考核评价要求	1. 课堂提问 2. 完成给定的案例，五级评分 3. 学生学习成果展示，完成自评		

照明系统工程量计算知识单元教学要求　　　　表 63

单元名称	照明系统工程量计算	最低学时	20 学时
教学目标	1. 熟悉照明系统工程量计算规则 2. 掌握照明系统工程量计算方法		
教学内容	知识点 1. 控制设备及低压电器工程量计算 控制设备及低压电器（开关、插座等）工程量计算规则，掌握控制设备及低压电器工程量计算方法 知识点 2. 配管配线工程量计算 配管（金属管、塑料管等）、配线（电缆、电线）计算规则，配管（金属管、塑料管等）、配线（电缆、电线）工程量计算方法 知识点 3. 照明器具工程量计算 照明器具工程量计算规则，照明器具工程量计算方法 知识点 4. 附属工程工程量计算 挖填土石方沟槽、凿沟槽及沟槽恢复计算规则，挖填土石方沟槽、凿沟槽及沟槽恢复工程量计算方法		
教学方法建议	1. 讲授法 2. 案例教学法 3. 多媒体演示法 4. 小组讨论法 5. 现场教学法 6. 螺旋进度教学法		
考核评价要求	1. 课堂提问 2. 完成给定的案例，五级评分 3. 根据完成的实习报告，检查学生学习收获		

防雷与接地装置工程量计算知识单元教学要求 表 64

单元名称	防雷与接地装置工程量计算	最低学时	8 学时
教学目标	1. 熟悉防雷与接地装置工程量计算规则 2. 掌握防雷与接地装置工程量计算方法		
教学内容	知识点 1. 接闪器工程量计算 接闪器（避雷针、避雷带、避雷网）工程量计算规则，接闪器（避雷针、避雷带、避雷网）工程量计算方法 知识点 2. 防雷引下线工程量计算 防雷引下线（利用柱筋作为引下线、人工敷设引下线）计算规则，防雷引下线（利用柱筋作为引下线、人工敷设引下线）工程量计算方法 知识点 3. 接地装置工程量计算 接地装置（利用基础筋作为接地极、人工敷设接地装置）工程量计算规则，接地装置（利用基础筋作为接地极、人工敷设接地装置）工程量计算方法 知识点 4. 接地电阻测试工程量计算 接地电阻测试计算规则，接地电阻测试工程量计算方法		
教学方法建议	1. 讲授法 2. 案例教学法 3. 多媒体演示法 4. 小组讨论法 5. 现场教学法 6. 螺旋进度教学法		
考核评价要求	1. 课堂提问 2. 完成给定的案例，五级评分 3. 根据完成的实习报告，检查学生学习收获		

室内电视、电话及网络系统工程量计算知识单元教学要求 表 65

单元名称	室内电视、电话及网络系统工程量计算	最低学时	9 学时
教学目标	1. 掌握弱电接线箱工程量计算 2. 掌握配管、配线工程量计算 3. 掌握电视、电话及网络插座工程量计算		
教学内容	知识点 1. 弱电设备工程量计算 弱电接线箱、电视前端箱、网络交换机等工程量计算 知识点 2. 配管、配线工程量计算 配管、金属桥架、电视线、电话线及网络线工程量计算 知识点 3. 电视、电话及网络插座工程量计算 电视插座、电话插座及网络插座工程量计算		
教学方法建议	1. 讲授法 2. 案例教学法 3. 小组讨论法		
考核评价要求	1. 课堂提问 2. 完成给定案例，五级评分 3. 学生学习成果展示，完成自评		

火灾自动报警系统工程量计算知识单元教学要求

表 66

单元名称	火灾自动报警系统工程量计算	最低学时	12 学时
教学目标	1. 掌握配管、配线工程量计算 2. 掌握消防报警设施工程量计算 3. 掌握消防系统调试工程量计算		
教学内容	知识点 1. 配管、配线工程量计算 管道、报警信号线、广播线、消火栓控制线、电源线、消防电话线等工程量的计算 知识点 2. 消防报警设施工程量计算 火灾自动报警主机、联动控制主机、消防广播主机、电话主机、消防电源、报警探测器、各种模块、短路隔离器、楼层显示器等工程量的计算 知识点 3. 消防系统调试工程量计算 火灾自动报警系统、自动喷淋调试、消火栓系统、电梯、排烟阀等系统的调试		
教学方法建议	1. 讲授法 2. 案例教学法 3. 小组讨论法		
考核评价要求	1. 课堂提问 2. 完成给定案例，五级评分 3. 学生学习成果展示，完成自评		

10kV 以下变配电工程工程量计算知识单元教学要求

表 67

单元名称	10kV 以下变配电工程工程量计算	最低学时	20 学时
教学目标	1. 熟悉 10kV 以下变配电工程的清单和定额列项 2. 掌握 10kV 以下变配电工程各项工程量计算		
教学内容	知识点 1.10kV 以下变配电工程主要清单项目 （1）电缆沟：挖填土、垫层、抹灰、角钢支架、盖板制作 （2）桥架安装：桥架、支吊架、穿墙防火 （3）电缆敷设：电缆、电缆头 （4）变压器安装：变压器、接地 （5）母线安装：母线、穿墙配件 （6）开关柜安装：开关柜、型钢基础、主母线 （7）调试：变压器调试、送电系统调试、电容器调试、避雷器调试 知识点 2. 变配电系统主要项目工程量 （1）变压器：以台为单位计量，包含了安装就位和接地费用 （2）电缆：以长度为单位计量，需根据敷设条件、电缆种类作相应费用调整。电缆头的制作需另外计价 （3）母线：以长度为单位计量，需根据母线种类调整费用。母线接线箱、分线箱和穿墙套管需另外计价 （4）开关柜：以台为单位计价，柜内元件一般作为柜的主材计价，不单独列项。柜的型钢基础需另外计价，贯通各柜的主母线也应单独列项 （5）调试：每一台变压器按一个系统计算调试，包括前后各一台断路器；每个开关柜计算一次送电系统调试		
教学方法建议	1. 讲授法 2. 案例教学法 3. 小组讨论法		

单元名称	10kV 以下变配电工程工程量计算	最低学时	20 学时
考核评价要求	1. 课堂提问 2. 完成给定的案例，五级评分 3. 学生学习成果展示，完成自评		

安装工程工程量清单编制知识单元教学要求　　　　　　表 68

单元名称	安装工程工程量清单编制	最低学时	12 学时
教学目标	1. 了解工程量清单计价规范，清单计价与定额计价的联系与区别 2. 掌握工程量清单计价表格使用 3. 掌握建筑安装工程量清单编制		
教学内容	知识点 1. 工程量清单计价规范 《通用安装工程工程量清单计价规范》GB 50856 的作用和主要内容 知识点 2. 清单计价与定额计价的联系与区别 知识点 3. 工程量清单计价表格使用 分部分项工程量清单及单价措施计价表、总价措施计价表、规费税金项目计价表、主要材料价格表、单位工程费用汇总表、单项工程费用汇总表、工程项目费用汇总表及总说明和封页的填写方法、清单及报价表的装订 知识点 4. 建筑安装工程量清单编制 安装工程分部分项工程量清单及单价措施计价表、总价措施计价表、规费税金项目计价表、主要材料价格表、单位工程费用汇总表、单项工程费用汇总表、工程项目费用汇总表及总说明和封页的填写方法、清单及报价表编制案例		
教学方法建议	1. 讲授法 2. 案例教学法 3. 小组讨论法 4. 多媒体演示法		
考核评价要求	1. 课堂提问 2. 完成给定案例，五级评分 3. 学生学习成果展示，完成自评		

安装工程工程量清单报价书编制知识单元教学要求　　　　　　表 69

单元名称	安装工程工程量清单报价书编制	最低学时	12 学时
教学目标	掌握安装工程工程量清单报价书的编制方法和原则		
教学内容	知识点 1. 分部分项和单价措施项目费用计算 分部分项工程项目组价工程量计算方法、分部分项工程项目综合单价编制方法、分部分项工程量清单项目综合单价编制案例 知识点 2. 措施项目费用计算 措施项目组价工程量计算方法、措施项目综合单价编制方法、措施项目清单项目综合单价编制案例 知识点 3. 其他项目费用计算 暂列金额与暂估价处理方法、总承包服务费及计日工的计算方法、其他项目费计算方法、其他项目费计算案例 知识点 4. 规费项目费用计算 规费项目计算基础确定、规费费率选择、规费计算案例 知识点 5. 税金项目费用计算 税金计算基础确定、税金税率选择、税金计算案例		

单元名称	安装工程工程量清单报价书编制	最低学时	12 学时
教学方法建议	1. 讲授法 2. 案例教学法 3. 多媒体演示法 4. 小组讨论法 5. 现场教学法 6. 螺旋进度教学法		
考核评价要求	1. 课堂提问 2. 完成给定的案例，五级评分 3. 根据完成的工程项目，检查学生学习收获		

安装工程结算书编制知识单元教学要求　　　　　　　表 70

单元名称	安装工程结算书编制	最低学时	12 学时
教学目标	掌握安装工程结算书的编制内容和编制方法		
教学内容	知识点 1. 工程结算编制依据 结算书编制的依据，工程结算需要的资料 知识点 2. 结算资料整理和审核 结算书各表格资料整理 知识点 3. 工程量签证资料复核 工程签证资料规范书写以及资料复核 知识点 4. 工程量增减计算 按照竣工资料进行工程量的调整计算 知识点 5. 利润和税金调整计算 利润和税金调整依据、利润和税金调整方法、利润和税金调整计算案例 知识点 6. 汇总编出工程结算书 工程结算书编制步骤、工程结算书编制方法、工程计算书编制案例		
教学方法建议	1. 讲授法 2. 案例教学法 3. 多媒体演示法 4. 小组讨论法 5. 现场教学法 6. 螺旋进度教学法		
考核评价要求	1. 课堂提问 2. 完成给定的案例，五级评分 3. 根据完成的工程项目，检查学生学习收获		

安装工程算量与计价软件应用知识单元教学要求　　　　　　　表 71

单元名称	安装工程算量与计价软件应用知识	最低学时	30 学时
教学目标	1. 熟悉安装工程算量与计价软件 2. 掌握安装工程算量与计价软件的应用		
教学内容	知识点 1. 常用的安装工程量计算软件应用 上机操作示例，应用安装算量软件计算工程量 知识点 2. 常用的安装工程计价软件应用 上机操作示例，应用安装工程计价软件计算工程造价		

单元名称	安装工程算量与计价软件应用知识	最低学时	30 学时
教学方法建议	1. 讲授法 2. 案例教学法 3. 多媒体演示法 4. 小组讨论法 5. 现场教学法 6. 螺旋进度教学法		
考核评价要求	1. 课堂提问 2. 完成给定的案例，五级评分 3. 根据完成的工程项目，检查学生学习收获		

（4）市政工程造价专业核心知识单元教学要求

市政工程施工项目现场组织管理知识单元教学要求　　　　表 72

单元名称	市政工程施工项目现场组织管理	最低学时	16 学时
教学目标	1. 理解安全控制的含义 2. 掌握安全控制的方法 3. 熟悉安全事故的处理 4. 掌握现场其他管理		
教学内容	1. 安全控制的含义 市政工程施工安全控制的概念、市政工程施工安全控制的特点、市政工程施工安全控制的方针和目标、市政工程施工安全控制实施程序、市政工程施工单位的安全责任、市政工程施工单位的安全管理制度 2. 安全控制的方法 市政工程施工现场的不安全因素、市政工程施工安全技术措施计划的实施 3. 安全事故的处理 伤亡事故的定义、市政工程施工安全事故的处理程序 4. 现场其他管理 施工现场管理的概念和意义、施工现场管理的内容与基本要求、施工现场管理措施和方法、市政工程施工现场环境保护		
教学方法建议	1. 多媒体演示法 2. 讲授法 3. 案例教学法 4. 小组讨论法		
考核评价要求	1. 课堂提问 2. 学生展示学习成果，完成自评 3. 完成给定的案例、五级评分		

单元名称	市政工程资料管理	最低学时	30 学时
教学目标	1. 理解资料管理的相关制度 2. 熟悉资料管理的内容 3. 掌握管理方法		
教学内容	1. 资料管理的内容和相关制度 资料管理的意义、项目信息管理的应用、资料管理职责、资料管理的内容 2. 签证资料的管理方法 工程签证资料的范围、办理工程签证的程序、工程签证单据的内容、工程签证的实效、工程签证的责任、工程签证的确认 3. 索赔资料的管理方法 工程索赔资料的范围、办理工程索赔的程序、工程索赔单据的内容、工程索赔的时效、工程索赔的确认 4. 竣工资料的管理方法 竣工资料的编制内容、竣工资料的编制原则、竣工资料的编制要求 5. 其他技术资料的内容及管理方法 其他技术资料的内容、其他技术资料的管理方法		
教学方法建议	1. 讲授法 2. 案例教学法 3. 小组讨论法		
考核评价要求	1. 课堂提问 2. 完成给定的案例，五级评分 3. 学生学习成果展示，完成自评		

市政工程识图制图标准与投影作图单元教学要求　　表 74

单元名称	市政工程识图制图标准与投影作图	最低学时	20 学时
教学目标	1. 熟悉识图的基本知识 2. 掌握投影的基本知识 3. 掌握立体投影的画法 4. 掌握轴测投影的画法 5. 掌握剖面图与断面图的画法 6. 掌握标高投影的画法		
教学内容	1. 制图的基本知识 绘图工具与仪器、国家标准关于制图的一般规定 2. 投影的基本知识 投影的基本概念、三面投影体系的建立及对应关系、点的投影、直线的投影、平面的投影 3. 立体投影的画法 平面立体的投影、曲面立体的投影、立体表面的交线、组合体的投影 4. 轴测投影的画法 轴测投影的基本知识、常用轴测图的画法、圆的轴测图 5. 剖面图与断面图的画法 6. 标高投影的画法 标高投影的基本知识、点的标高投影、直线的标高投影、平面的标高投影、曲线的标高投影、曲面的标高投影、地形的标高投影		

单元名称	市政工程识图制图标准与投影作图	最低学时	20 学时
教学方法建议	1. 讲授法 2. 案例教学法 3. 小组讨论法		
考核评价要求	1. 课堂提问 2. 完成给定的案例，五级评分 3. 学生学习成果展示，完成自评		

市政管网工程识读图单元教学要求　　　　　　　　　　表 75

单元名称	市政管网工程图识读	最低学时	8 学时
教学目标	1. 熟悉给水排水工程图的基本知识 2. 掌握室外给水排水工程图的内容与识读 3. 掌握管道上的构配件详图的内容与识读		
教学内容	1. 给水排水工程图的基本知识 给水排水工程图的分类、给水排水专业制图的一般规定、给水排水工程图的图示特点。 2. 室外给水排水工程图的内容与识读 室外给水与排水工程图的组成、管道工程图、泵站工程图。 3. 管道上的构配件详图的内容与识读 给水排水平面图、管道系统图以及室外管道纵断面图等		
教学方法建议	1. 讲授法 2. 案例教学法 3. 小组讨论法		
考核评价要求	1. 课堂提问 2. 完成给定的案例、五级评分 3. 学生学习成果展示、完成自评		

市政道路工程图识读单元教学要求　　　　　　　　　　表 76

单元名称	市政道路工程图识读	最低学时	10 学时
教学目标	1. 熟悉市政道路的平面线形内容与识读 2. 掌握市政道路路线平面图的内容与识读 3. 掌握市政道路路线纵断面图的内容与识读 4. 掌握市政道路路线横断面图的内容与识读 5. 掌握道路路基路面施工图的内容与识读 6. 掌握挡土墙施工图的内容与识读 7. 熟悉市政道路平面交叉口的内容与识读 8. 了解市政道路立体交叉的内容与识读 9. 了解市政高架道路工程的内容与识读 10. 了解市政轨道工程的内容与识读		

单元名称	市政道路工程图识读	最低学时	10 学时
教学内容	1. 市政道路的平面线形的内容与识读 市政道路平面线形的概念，市政道路平面线形的表现形式 2. 市政道路路线平面图的内容与识读 市政道路的方向图样，平面线形图样，道路两侧地形地物情况图样，路线的横向布置图样，路线定位图样 3. 市政道路路线纵断面图的内容与识读 市政道路路线纵断面图、垂直剖切面图 4. 市政道路路线横断面图的内容与识读 路线横断面图概念、道路横断面图 5. 道路路基路面施工图的内容与识读 道路路基路面施工图、道路路面施工图 6. 挡土墙施工图的内容与识读 挡土墙的主要用途、挡土墙的类型、挡土墙设置原则、挡土墙的构造、挡土墙工程图 7. 市政道路平面交叉口的内容与识读 平面交叉口的形式与设计原则、平面交叉口的图示方法、平面交叉口施工图的识读 8. 市政道路立体交叉的内容与识读 立体交叉的作用与分类、立体交叉平面设计图 9. 市政高架道路工程的内容与识读 高架道路的主要功能、高架道路的组成、高架道路的设计与施工图 10. 市政轨道工程的内容与识读 轻轨交通的类型、市政轨道交通的轨道结构、市政轨道交通的线路设计
教学方法建议	1. 讲授法 2. 案例教学法 3. 小组讨论法
考核评价要求	1. 课堂提问 2. 完成给定的案例，五级评分 3. 学生学习成果展示，完成自评

市政桥梁工程图识读单元教学要求　　　　　　　　　表 77

单元名称	市政桥梁工程图识读	最低学时	10 学时
教学目标	1. 熟悉市政桥梁工程施工图的基本知识 2. 掌握钢筋混凝土结构施工图的内容与识读 3. 掌握钢结构施工图的内容与识读 4. 掌握钢筋混凝土梁桥工程图的内容与识读
教学内容	1. 市政桥梁工程图的基本知识 桥梁的简况、桥梁的基本组成、桥梁的类型 2. 钢筋混凝土结构图的内容与识读 钢筋混凝土桥梁构造、钢筋混凝土桥梁施工图、钢筋混凝土桥墩施工图、钢筋混凝土桥台施工图、钢筋混凝土基础施工图 3. 钢结构图的内容与识读 钢结构桥梁构造、钢结构桥梁施工图 4. 钢筋混凝土梁桥工程图的内容与识读 桥位平面图、桥位地质断面图、桥梁总体布置图

单元名称	市政桥梁工程图识读	最低学时	10 学时
教学方法建议	1. 讲授法 2. 案例教学法 3. 小组讨论法		
考核评价要求	1. 课堂提问 2. 完成给定的案例，五级评分 3. 学生学习成果展示，完成自评		

隧道与涵洞工程图识读单元教学要求　　　　　　　　　　表 78

单元名称	隧道与涵洞工程图识读	最低学时	8 学时
教学目标	1. 掌握隧道工程图的内容与识读 2. 掌握涵洞工程图的内容与识读 3. 熟悉城市通道工程图的内容与识读		
教学内容	1. 隧道工程图的内容与识读 地质图、线型设计图、隧道结构构造图、附属工程图 2. 涵洞工程图的内容与识读 涵洞的设置位置、孔径大小的确定、涵洞形式的选择、涵洞施工图 3. 城市通道工程图的内容与识读 城市过街通道的概念、城市过街通道的构造、城市过街通道施工图		
教学方法建议	1. 讲授法 2. 案例教学法 3. 小组讨论法		
考核评价要求	1. 课堂提问 2. 完成给定的案例，五级评分 3. 学生学习成果展示，完成自评		

工程测量原理与方法单元教学要求　　　　　　　　　　表 79

单元名称	工程测量原理与方法	最低学时	12 学时
教学目标	1. 了解测量的基本知识 2. 掌握水准测量的原理和方法 3. 掌握角度测量的原理和方法 4. 掌握距离测量与直线定向的原理和方法 5. 了解小地区控制测量的原理和方法		
教学内容	1. 测量的基本知识 工程测量的概念、地形测绘的概念、施工放样的概念、变形监测的概念 2. 水准测量的原理和方法 水准测量的原理、水准测量的仪器及工具、水准仪的使用、水准测量方法、水准测量成果计算、水准仪的检验与校正、水准测量误差及注意事项 3. 角度测量的原理和方法 角度测量原理、经纬仪的构造、经纬仪的使用、水平角观察方法、竖直角观测、经纬仪的检验与校正、水平角测量误差与注意事项 4. 距离测量与直线定向的原理和方法 钢尺量距、视距测量、光电测距、直线定向 5. 小地区控制测量的原理和方法 平面控制测量、高程控制测量、导线测量外业、导线测量内业		

单元名称	工程测量原理与方法	最低学时	12 学时
教学方法建议	1. 讲授法 2. 案例教学法 3. 小组讨论法		
考核评价要求	1. 课堂提问 2. 完成给定的案例，五级评分 3. 学生学习成果展示，完成自评		

市政道路工程放线单元教学要求 表 80

单元名称	市政道路工程放线	最低学时	12 学时
教学目标	1. 掌握道路中线测量的原理和方法 2. 熟悉圆曲线的主点测量和详细测量 3. 熟悉缓和曲线的测量 4. 掌握路线纵、横断面测量的原理和方法 5. 掌握道路施工测量的原理和方法		
教学内容	1. 道路中线测量的原理和方法 交点的测量、转点的测量、测定路线的转折角、钉设中线里程桩和加桩 2. 圆曲线的主点测量和详细测量 圆曲线测量元素的计算、圆曲线主点桩号的计算、圆曲线主点的测量、圆曲线的详细测量 3. 缓和曲线的测量 缓和曲线基本公式、带有缓和曲线的圆曲线要素计算及主点测量、带有缓和曲线的圆曲线详细测量、困难地段的曲线测量 4. 路线纵、横断面测量的原理和方法 路线纵断面测量、路线横断面测量 5. 道路施工测量的原理和方法 施工前的测量工作、施工过程中的测量工作、道路立交匝道的测量		
教学方法建议	1. 讲授法 2. 案例教学法 3. 小组讨论法		
考核评价要求	1. 课堂提问 2. 完成给定的案例，五级评分 3. 学生学习成果展示，完成自评		

市政管网工程放线单元教学要求 表 81

单元名称	市政管网工程放线	最低学时	12 学时
教学目标	1. 掌握管道中线测量的原理和方法 2. 熟悉管道纵、横断面测量的原理和方法 3. 掌握管道施工测量的方法 4. 掌握顶管施工测量的方法 5. 熟悉管道竣工测量的方法		

单元名称	市政管网工程放线	最低学时	12 学时
教学内容	1. 管道中线测量的原理和方法 管线主点的测设、钉（设）里程桩和加桩 2. 管道纵、横断面测量的原理和方法 管道纵断面测量、管道横断面测量 3. 管道施工测量的方法 施工前的测量工作、施工过程中的测量工作、架空管道的施工测量 4. 顶管施工测量的方法 顶管测量的准备工作、顶进过程中的测量工作 5. 管道竣工测量的方法 管道工程竣工测量的概念、方法，竣工资料、竣工图		
教学方法建议	1. 讲授法 2. 案例教学法 3. 小组讨论法		
考核评价要求	1. 课堂提问 2. 完成给定的案例，五级评分 3. 学生学习成果展示，完成自评		

市政桥梁工程放线单元教学要求   表 82

单元名称	市政桥梁工程放线	最低学时	12 学时
教学目标	1. 熟悉桥梁工程控制测量的原理和方法 2. 掌握桥梁墩台中心与纵、横轴线的测量 3. 掌握桥梁施工测量的方法 4. 了解桥梁变形观测的方法 5. 熟悉桥梁竣工测量的方法 6. 掌握涵洞施工测量的方法		
教学内容	1. 桥梁工程控制测量的原理和方法 平面控制测量、高程控制测量 2. 桥梁墩台中心与纵、横轴线的测量 桥梁墩台中心测量、桥梁墩台纵、横轴线的测量 3. 桥梁施工测量的方法 基础施工测量、墩身施工测量、台身施工测量、墩顶部的施工测量、台顶部的施工测量、上部结构安装的测量 4. 桥梁变形观测的方法 沉降观测、水平位移观测、倾斜观测、挠度观测 5. 桥梁竣工测量的方法 基础竣工测量、墩台竣工测量、跨越构件的测量 6. 涵洞施工测量的方法 涵洞中心桩和中心线的测量、施工控制桩的测量、涵洞坡度钉的测量、涵洞施工测量		
教学方法建议	1. 讲授法 2. 案例教学法 3. 小组讨论法		

单元名称	市政桥梁工程放线	最低学时	12 学时
考核评价要求	1. 课堂提问 2. 完成给定的案例，五级评分 3. 学生学习成果展示，完成自评		

工程材料分类与性质单元教学要求 表 83

单元名称	工程材料分类与性质	最低学时	16 学时
教学目标	1. 熟悉工程材料的分类 2. 掌握材料的体积构成 3. 掌握材料的物理性质 4. 掌握材料的力学性质		
教学内容	1. 工程材料的分类 工程资料的种类、工程资料的分类方式 2. 材料的体积构成 块状材料体积构成特点、颗粒状材料的体积构成特点 3. 材料的物理性质 材料的物性参数、材料与水有关的性质 4. 材料的力学性质 强度、变形性能、脆性与韧性		
教学方法建议	1. 讲授法 2. 案例教学法 3. 小组讨论法		
考核评价要求	1. 课堂提问 2. 完成给定的案例，五级评分 3. 学生学习成果展示，完成自评		

无机材料性质与应用单元教学要求 表 84

单元名称	无机材料性质与应用	最低学时	20 学时
教学目标	1. 掌握砂石材料的性质与应用 2. 熟悉石灰和稳定土的性质与应用 3. 掌握水泥的性质与应用 4. 掌握水泥混凝土及砂浆的性质与应用 5. 熟悉建筑钢材的性质与应用		
教学内容	1. 砂石材料的性质与应用 天然岩石、石料、骨料、矿质混合料 2. 石灰和稳定土的性质与应用 石灰、土、稳定土 3. 水泥的性质与应用 通用水泥、专用水泥、特性水泥、通用水泥的质量等级、通用水泥的验收、通用水泥的保管 4. 水泥混凝土及砂浆的性质与应用 水泥混凝土、砂浆 5. 建筑钢材的性质与应用 建筑钢材的主要技术性能、常用钢的品种、常用钢的质量标准、常用钢的应用、常用建筑钢材		

单元名称	无机材料性质与应用	最低学时	20 学时
教学方法建议	1. 讲授法 2. 案例教学法 3. 小组讨论法		
考核评价要求	1. 课堂提问 2. 完成给定的案例，五级评分 3. 学生学习成果展示，完成自评		

有机材料性质与应用单元教学要求　　　　表 85

单元名称	有机材料性质与应用	最低学时	20 学时
教学目标	1. 掌握沥青材料的性质与应用 2. 熟悉沥青混合料的性质与应用 3. 熟悉合成高分子材料的性质与应用		
教学内容	1. 沥青材料的性质与应用 石油沥青、煤沥青、乳化沥青、改性沥青 2. 沥青混合料的性质与应用 热拌沥青混合料、冷铺沥青混合料、沥青玛琋脂碎石混合料、再生沥青混合料、桥面铺装材料 3. 合成高分子材料的性质与应用 塑料、涂料、土工布、防水材料		
教学方法建议	1. 讲授法 2. 案例教学法 3. 小组讨论法		
考核评价要求	1. 课堂提问 2. 完成给定的案例，五级评分 3. 学生学习成果展示，完成自评		

路面基层施工单元教学要求　　　　表 86

单元名称	路面基层施工	最低学时	20 学时
教学目标	1. 掌握粒料基层材料施工 2. 掌握稳定类基层（底基层）施工要求		
教学内容	1. 粒料基层材料施工 级配碎石的材料质量要求、级配碎石基层的施工流程、级配砾石 2. 稳定类基层（底基层）施工要求 半刚性材料、半刚性基层要求及适用条件、石灰稳定土基层施工、水泥稳定类基层、石灰工业废渣稳定土（二灰碎石）		
教学方法建议	1. 讲授法 2. 案例教学法 3. 小组讨论法		

单元名称	路面基层施工	最低学时	20 学时
考核评价要求	1. 课堂提问 2. 完成给定的案例，五级评分 3. 学生学习成果展示，完成自评		

沥青路面施工单元教学要求 表 87

单元名称	沥青路面施工	最低学时	20 学时
教学目标	1. 了解沥青路面对材料的要求 2. 掌握沥青路面施工 3. 熟悉沥青路面施工机械		
教学内容	1. 沥青路面对材料的要求 沥青材料、粗集料、细集料、填料、纤维稳定剂 2. 沥青路面施工 沥青路面的基本特性、沥青路面类型的选择、沥青表面处治、沥青透层、沥青粘层、沥青封层、热拌沥青混合料路面施工、特殊气候条件下沥青面层的施工 3. 沥青路面施工机械 沥青混合料路面施工机械的种类、沥青混合料路面施工的关键设备		
教学方法建议	1. 讲授法 2. 案例教学法 3. 小组讨论法		
考核评价要求	1. 课堂提问 2. 完成给定的案例，五级评分 3. 学生学习成果展示，完成自评		

水泥混凝土路面施工单元教学要求 表 88

单元名称	水泥混凝土路面施工	最低学时	20 学时
教学目标	1. 了解施工准备工作 2. 熟悉小型机具铺筑施工程序 3. 熟悉滑模摊铺机施工程序 4. 了解特殊气候条件下混凝土路面的施工 5. 掌握路面养护		
教学内容	1. 施工准备工作 选择混凝土拌合场地、进行材料试验和混凝土配合比设计、基层的检查与整修 2. 小型机具铺筑施工程序 混凝土路面施工程序、边模的安装、传力杆设置、混凝土的制备、混凝土的运送、摊铺和振捣 3. 滑模摊铺机施工程序 施工准备、初设滑模摊铺机工作参数、滑模机首次摊铺位置校准、初始摊铺路面参数校正、拉杆的施工要点、滑模摊铺机的摊铺操作要点、特殊条件下的摊铺施工、滑模摊铺中出现问题的处治、缓慢摊铺结束后的工作要点 4. 特殊气候条件下混凝土路面的施工 一般规定、夏季施工、低温季节施工 5. 路面养护 路面养护的目的、路面养护的要求、公路沥青路面养护、公路水泥混凝土路面养护		

单元名称	水泥混凝土路面施工	最低学时	20 学时
教学方法建议	1. 讲授法 2. 案例教学法 3. 小组讨论法		
考核评价要求	1. 课堂提问 2. 完成给定的案例，五级评分 3. 学生学习成果展示，完成自评		

桥面构造及支座施工单元教学要求 表 89

单元名称	桥面构造及支座施工	最低学时	14 学时
教学目标	1. 掌握桥面系统构造与施工 2. 掌握桥面伸缩缝构造与施工 3. 熟悉桥梁人行道及其他构造与施工 4. 桥梁支座构造与施工		
教学内容	1. 桥面系统构造与施工 桥面铺装、桥面横坡的设置、桥面排水设施 2. 桥面伸缩缝构造与施工 伸缩缝构造要求、伸缩缝的基本概念及其分类、伸缩缝的施工 3. 桥梁人行道及其他构造与施工 防撞护栏施工、人行道、栏杆施工、灯柱安装 4. 桥梁支座构造与施工 支座的类型和构造、支座的施工		
教学方法建议	1. 讲授法 2. 案例教学法 3. 小组讨论法		
考核评价要求	1. 课堂提问 2. 完成给定的案例，五级评分 3. 学生学习成果展示，完成自评		

桥梁墩台及基础施工单元教学要求 表 90

单元名称	桥梁墩台及基础施工	最低学时	14 学时
教学目标	1. 掌握桥梁基础构造 2. 掌握桥墩构造与施工 3. 掌握桥台构造与施工		
教学内容	1. 桥梁基础构造 浅基础、沉入桩基础、钻孔灌注桩基础、沉井基础 2. 桥墩构造与施工 桥墩的分类与构造、桥墩施工 3. 桥台构造与施工 梁桥桥台分类与构造、拱桥桥台分类与构造、桥台施工		

单元名称	桥梁墩台及基础施工	最低学时	14 学时
教学方法建议	1. 讲授法 2. 案例教学法 3. 小组讨论法		
考核评价要求	1. 课堂提问 2. 完成给定的案例，五级评分 3. 学生学习成果展示，完成自评		

钢筋混凝土简支梁桥施工单元教学要求　　　　　　　　　　**表 91**

单元名称	钢筋混凝土简支梁桥施工	最低学时	14 学时
教学目标	1. 掌握简支梁桥的分类及构造 2. 掌握简支梁桥施工 3. 熟悉其他体系桥梁施工		
教学内容	1. 简支梁桥的分类及构造 简支梁桥的分类，简支梁桥的构造 2. 简支梁桥施工 模板与支架工程、混凝土工程、钢筋工程、简支梁安装 3. 其他体系桥梁构造与施工 拱桥构造与施工、悬索桥构造与施工、斜拉桥构造与施工、刚构桥构造与施工、城市立交桥构造与施工		
教学方法建议	1. 讲授法 2. 案例教学法 3. 小组讨论法		
考核评价要求	1. 课堂提问 2. 完成给定的案例，五级评分 3. 学生学习成果展示，完成自评		

预应力混凝土梁桥施工单元教学要求　　　　　　　　　　**表 92**

单元名称	预应力混凝土梁桥施工	最低学时	14 学时
教学目标	1. 掌握先张法预应力施工 2. 掌握后张法预应力施工 3. 掌握预应力连续梁悬臂施工 4. 熟悉预应力连续梁顶推施工		
教学内容	1. 先张法预应力施工 先张法概念、先张法施工工艺 2. 后张法预应力施工 后张法概念、后张法施工工艺 3. 预应力连续梁悬臂施工 悬臂浇筑法施工、挂篮施工、支架现浇梁段施工、合龙段施工及体系转换、施工控制、悬臂拼装法施工 4. 预应力连续梁顶推施工 单点顶推、多点顶推、设置临时滑动支承顶推施工、使用与永久支座兼用的滑动支承顶推施工、施工中的临时设施		

单元名称	预应力混凝土梁桥施工	最低学时	14 学时
教学方法建议	1. 讲授法 2. 案例教学法 3. 小组讨论法		
考核评价要求	1. 课堂提问 2. 完成给定的案例，五级评分 3. 学生学习成果展示，完成自评		

涵洞施工单元教学要求 表 93

单元名称	涵洞施工	最低学时	4 学时
教学目标	1. 了解涵洞分类与构造 2. 熟悉涵洞的施工		
教学内容	1. 涵洞分类与构造 涵洞分类、洞身构造、洞口构造 2. 涵洞的施工 管涵、拱涵、盖板涵、箱涵、倒虹吸管、涵洞附属工程施工		
教学方法建议	1. 讲授法 2. 案例教学法 3. 小组讨论法		
考核评价要求	1. 课堂提问 2. 完成给定的案例，五级评分 3. 学生学习成果展示，完成自评		

市政管网工程组成与构造单元教学要求 表 94

单元名称	市政管网工程组成与构造	最低学时	6 学时
教学目标	1. 掌握给水管道工程组成与构造 2. 掌握排水管道工程组成与构造 3. 了解其他市政管线工程组成与构造		
教学内容	1. 给水管道工程组成与构造 给水管道系统的组成、给水管网的布置、给水管材、给水管件、给水管道构造、给水管网附属构筑物的构造、给水管道工程施工图识读 2. 排水管道工程组成与构造 排水管道系统的体制、排水管道系统的组成、排水管道系统的布置、排水管材、排水管道构造、排水渠道构造、排水管网附属构筑物的构造、排水管道工程施工图识读 3. 其他市政管线工程组成与构造 燃气管道系统、热力管网系统、电力管线和电信管线的组成与构造		
教学方法建议	1. 讲授法 2. 案例教学法 3. 小组讨论法		
考核评价要求	1. 课堂提问 2. 完成给定的案例，五级评分 3. 学生学习成果展示，完成自评		

单元名称	市政管道工程开槽施工	最低学时	18 学时
教学目标	1. 掌握明沟排水施工 2. 熟悉人工降低地下水位施工 3. 掌握沟槽开挖施工 4. 掌握沟槽支撑施工 5. 掌握管道的铺设与安装 6. 掌握沟槽回填施工		
教学内容	1. 明沟排水施工 明沟排水原理、明沟排水涌水量计算、明沟排水施工、明沟排水设备选择 2. 人工降低地下水位施工 轻型井点、喷射井点、电渗井点、管井井点、深井井点 3. 沟槽开挖施工 沟槽断面形式的选择、沟槽断面尺寸的确定、沟槽土方量计算、沟槽土方开挖、单斗挖土机与自卸汽车运土的协调配合计算、地基处理 4. 沟槽支撑施工 支撑的种类及其适用的条件、支撑的材料要求、支撑的支设与拆除 5. 管道的铺设与安装 沟槽与管材检查、排管、下管、稳管、管道接口、其他管线铺设、管道安装质量检查 6. 沟槽回填施工 还土、摊平、夯实、检查		
教学方法建议	1. 讲授法 2. 案例教学法 3. 小组讨论法		
考核评价要求	1. 课堂提问 2. 完成给定的案例，五级评分 3. 学生学习成果展示，完成自评		

市政管道工程不开槽施工单元教学要求 表 96

单元名称	市政管道工程不开槽施工	最低学时	12 学时
教学目标	1. 掌握掘进顶管法施工 2. 了解特种顶管施工技术 3. 了解非开挖铺管新技术施工		
教学内容	1. 掘进顶管法施工 人工取土掘进顶管法、顶管施工准备工作、顶管设备、顶管施工、顶管校正、机械取土掘进顶管法 2. 特种顶管施工技术 长距离顶管技术、挤压技术、管道牵引不开槽铺设 3. 非开挖铺管新技术施工 气动矛法、夯管法、水平螺旋钻进法、冲击钻进法、水平定向钻进和导向钻进施工法		
教学方法建议	1. 讲授法 2. 案例教学法 3. 小组讨论法		
考核评价要求	1. 课堂提问 2. 完成给定的案例，五级评分 3. 学生学习成果展示，完成自评		

附属构筑物施工单元教学要求

附属构筑物施工单元教学要求　　　　　　　　表 97

单元名称	附属构筑物施工	最低学时	12 学时
教学目标	1. 熟悉渠道施工 2. 了解倒虹管施工 3. 掌握附属构筑物施工及阀件安装		
教学内容	1. 渠道施工 渠道现场开挖、砌筑渠道施工、装配式钢筋混凝土渠道施工、现浇钢筋混凝土渠道施工 2. 倒虹管施工 直接顶管法、围堰法施工、沉浮法施工 3. 附属构筑物施工及阀件安装 砌筑检查井施工、预制检查井施工、现浇检查井施工、雨水口施工、阀门井施工、支墩施工、阀件安装		
教学方法建议	1. 讲授法 2. 案例教学法 3. 小组讨论法		
考核评价要求	1. 课堂提问 2. 完成给定的案例，五级评分 3. 学生学习成果展示，完成自评		

市政工程分部分项工程费应用知识单元教学要求　　　　表 98

单元名称	市政工程分部分项工程费应用	最低学时	10 学时
教学目标	1. 熟悉分部分项工程费的内容构成 2. 掌握分部分项工程费的换算		
教学内容	1. 分部分项工程费的内容构成 分部分项工程费的概念、分部分项工程费的分类、分部分项工程费的构成、分部分项工程费的应用 2. 分部分项工程费的换算 分部分项工程费换算的概述、材料换算、系数换算、其他换算		
教学方法建议	1. 讲授法 2. 案例教学法 3. 小组讨论法		
考核评价要求	1. 课堂提问 2. 完成给定的案例，五级评分 3. 学生自评		

建筑安装工程费用划分与计算方法知识单元教学要求　　　　表 99

单元名称	建筑安装工程费用划分与计算方法	最低学时	10 学时
教学目标	1. 熟悉建筑安装工程费用划分 2. 掌握建筑安装工程费用计算方法		
教学内容	1. 建筑安装工程费用划分 建筑安装工程费用的概念、建筑安装工程费用的划分 2. 建筑安装工程费用计算方法 分部分项工程费的计算、措施费的计算、企业管理费和规费的计算、利润的计算、税金的计算、工程造价的计算		

单元名称	建筑安装工程费用划分与计算方法	最低学时	10 学时
教学方法建议	1. 讲授法 2. 案例教学法 3. 小组讨论法		
考核评价要求	1. 课堂提问 2. 完成给定的案例，五级评分 3. 学生自评		

市政工程工程量计算单元教学要求   表 100

单元名称	市政工程工程量计算	最低学时	38 学时
教学目标	1. 掌握土石方工程工程量计算 2. 掌握市政道路工程工程量计算 3. 掌握桥涵工程工程量计算 4. 掌握管道工程工程量计算 5. 掌握钢筋工程工程量计算		
教学内容	1. 土石方工程工程量计算 土石方工程基础知识、挖土方工程量计算、挖石方工程量计算 2. 市政道路工程工程量计算 道路工程基础知识、路基处理工程量计算、道路基层工程量计算、道路面层工程量计算、人行道及其他工程量计算、交通管理设施工程量计算 3. 桥市政涵工程工程量计算 桥梁工程基础知识、桩基工程量计算、现浇混凝土工程量计算、预制混凝土工程量计算、砌筑工程量计算、挡墙工程量计算、护坡工程量计算、立交箱涵工程量计算、钢结构工程量计算、装饰工程量计算、其他工程量计算 4. 市政管网工程工程量计算 市政管网工程基础知识、管道铺设工程量计算、管件制作安装工程量计算、钢支架制作安装工程量计算、新旧管连接工程量计算、阀门安装工程量计算、水表安装工程量计算、消火栓安装工程量计算、井类工程量计算、设备基础工程量计算、出水口工程量计算、顶管工程量计算、构筑物工程量计算设备安装工程量计算 5. 钢筋工程工程量计算 钢筋工程量的概念、钢筋工程量计算时所依据的规范与图纸以及标准图集，钢筋重量的概念、钢筋重量的计算方法，钢筋工程量的计算		
教学方法建议	1. 讲授法 2. 案例教学法 3. 小组讨论法		
考核评价要求	1. 课堂提问 2. 完成给定的案例，五级评分 3. 学生学习成果展示，完成自评		

表 101

单元名称	市政工程造价费用计算	最低学时	10 学时
教学目标	1. 掌握分部分项工程费和措施费计算及工料机用量分析 2. 掌握管理费和规费计算 3. 掌握利润与税金计算		
教学内容	1. 分部分项工程费计算及工料机用量分析 分部分项工程费计算、措施费计算、工料机用量分析 2. 规费和企业管理费计算 规费计算、企业管理费计算 3. 利润与税金计算 利润计算、税金的构成、税金计算		
教学方法建议	1. 讲授法 2. 多媒体演示法 3. 案例教学法 4. 小组讨论法 5. 螺旋进度教学法		
考核评价要求	1. 课堂提问 2. 完成给定的案例，五级评分 3. 学生自评		

市政工程工程量清单编制知识单元教学要求 表 102

单元名称	市政工程工程量清单编制	最低学时	20 学时
教学目标	1. 掌握土石方工程工程量清单编制 2. 掌握市政道路工程工程量清单编制 3. 掌握市政桥涵工程工程量清单编制 4. 掌握市政管网工程工程量清单编制		
教学内容	1. 工程量清单计价规范概述 《建设工程工程量清单计价规范》的作用、《建设工程工程量清单计价规范》的主要内容。清单计价与定额计价的联系、清单计价与定额计价的区别。分部分项工程量清单及计价表、措施项目清单及计价表、规费、税金项目计价表、主要材料价格表、单位工程费用汇总表、单项工程费用汇总表、工程项目费用汇总表及总说明和封页的填写方法、清单及计价表的装订 2. 土石方工程工程量清单编制 土石方工程各分部清单工程量计算（含措施项目）、土石方工程分部分项工程量清单编制、土石方工程措施项目清单编制、土石方工程其他项清单编制、暂列金额确定、暂估价（专业工程暂估、材料暂估）确定、土石方工程规费、税金项目清单编制、土石方工程总说明及封页填写、土石方工程工程量清单编制案例 3. 市政道路工程工程量清单编制 道路工程各分部清单工程量计算（含措施项目）、道路工程分部分项工程量清单编制、道路工程措施项目清单编制、道路工程其他项清单编制、暂列金额确定、暂估价（专业工程暂估、材料暂估）确定、道路工程规费、税金项目清单编制、道路工程总说明及封页填写、道路工程工程量清单编制案例 4. 市政桥涵工程工程量清单编制 桥涵工程各分部清单工程量计算（含措施项目）、桥涵工程分部分项工程量清单编制、桥涵工程措施项目清单编制、桥涵工程其他项清单编制、暂列金额确定、暂估价（专业工程暂估、材料暂估）确定、桥涵工程规费、税金项目清单编制、桥涵工程总说明及封页填写、桥涵工程工程量清单编制案例 5. 市政管网工程工程量清单编制 市政管网工程各分部清单工程量计算（含措施项目）、市政管网工程分部分项工程量清单编制、市政管网工程措施项目清单编制、市政管网工程其他项清单编制、暂列金额确定、暂估价（专业工程暂估、材料暂估）确定、市政管网工程规费、税金项目清单编制、市政管网工程总说明及封页填写、市政管网工程工程量清单编制案例		

单元名称	市政工程工程量清单编制	最低学时	20 学时
教学方法建议	1. 讲授法 2. 多媒体演示法 3. 案例教学法 4. 小组讨论法 5. 螺旋进度教学法		
考核评价要求	1. 课堂提问 2. 完成给定的案例，五级评分 3. 学生自评		

市政工程工程量清单计价文件编制知识单元教学要求　　　表 103

单元名称	市政工程工程量清单计价文件编制	最低学时	20 学时
教学目标	1. 掌握分部分项工程量清单项目综合单价编制 2. 掌握措施项目清单项目综合单价编制 3. 掌握分部分项工程量清单项目费计算 4. 掌握措施项目清单费计算 5. 掌握其他项目清单费计算 6. 掌握规费项目清单费计算 7. 掌握税金项目清单费计算		
教学内容	1. 分部分项工程量清单项目综合单价编制 分部分项工程项目组价工程量计算方法、分部分项工程项目综合单价编制方法、分部分项工程量清单项目综合单价编制案例 2. 措施项目清单项目综合单价编制 措施项目组价工程量计算方法、措施项目综合单价编制方法、措施项目清单项目综合单价编制案例 3. 分部分项工程量清单项目费计算 分部分项工程费计算方法、分部分项工程费计算案例 4. 措施项目清单费计算 按费率计算措施项目费方法、措施项目费率选择、按综合单价计算措施项目的方法、措施项目费计算案例 5. 其他项目清单费计算 暂列金额与暂估价处理方法、总承包服务费及计日工的计算方法、其他项目费计算方法、其他项目费计算案例 6. 规费项目清单费计算 规费项目计算基础确定、规费费率选择、规费计算案例 7. 税金项目清单费计算 税金计算基础确定、税金税率选择、税金计算案例		
教学方法建议	1. 讲授法 2. 多媒体演示法 3. 案例教学法 4. 小组讨论法 5. 螺旋进度教学法		
考核评价要求	1. 课堂提问 2. 完成给定的案例，五级评分 3. 学生自评		

市政工程结算文件编制知识单元教学要求 表 104

单元名称	市政工程结算文件编制	最低学时	20 学时
教学目标	1. 市政工程工程量调整 2. 市政工程费用调整 3. 市政工程结算书编制		
教学内容	1. 市政工程工程量调整 　工程结算分类、工程结算编制依据、工程结算编制方法、工程结算编制步骤。结算资料包含的内容、结算资料的整理、结算资料的审核方法。工程变更资料的复核、工程索赔资料复核。依据竣工图计算增加工程量、依据变更或索赔资料计算工程量、工程量增减计算案例 2. 市政工程费用调整 　人工费调整依据、人工费调整方法、人工费调整计算案例。材料费调整依据、材料费调整方法、材料费调整计算案例。机械台班费调整依据、机械台班费调整方法、机械台班费调整计算案例。管理费调整依据、管理费调整方法、管理费调整计算案例 3. 市政工程结算书编制 　利润和税金调整依据、利润和税金调整方法、利润和税金调整计算案例。工程结算书编制步骤、工程结算书编制方法、工程计算书编制案例		
教学方法建议	1. 讲授法 2. 多媒体演示法 3. 案例教学法 4. 小组讨论法 5. 螺旋进度教学法		
考核评价要求	1. 课堂提问 2. 完成给定的案例，五级评分 3. 学生自评		

市政工程建（翻）模软件应用知识单元教学要求 表 105

单元名称	市政工程 BIM 建（翻）模软件应用	最低学时	40 学时
教学目标	1. 掌握市政道路工程建（翻）模软件应用 2. 掌握市政桥涵工程建（翻）模软件应用 3. 掌握市政管网工程建（翻）模软件应用		
教学内容	1. 市政道路工程建（翻）模软件应用 　市政道路工程常用的建（翻）模软件、市政道路工程各软件的特点以及优缺点、运用软件对市政道路工程建（翻）模、上机操作实例 2. 市政桥涵工程建（翻）模软件应用 　市政桥涵工程常用的建（翻）模软件、市政桥涵工程各软件的特点以及优缺点、运用软件对市政桥涵工程建（翻）模、上机操作实例 3. 市政管网工程建（翻）模软件应用 　市政管网工程常用的建（翻）模软件、市政管网工程各软件的特点以及优缺点、运用软件对市政管网工程建（翻）模、上机操作实例		
教学方法建议	1. 讲授法 2. 多媒体演示法 3. 案例教学法 4. 小组讨论法 5. 螺旋进度教学法		

单元名称	市政工程 BIM 建（翻）模软件应用	最低学时	40 学时
考核评价要求	1. 课堂提问 2. 完成给定的案例，五级评分 3. 学生自评		

市政工程造价及管理软件应用知识单元教学要求　　　　　表 106

单元名称	市政工程造价及管理软件应用	最低学时	40 学时
教学目标	1. 掌握市政工程工程量计算软件应用 2. 掌握市政计价软件应用 3. 掌握市政管理软件应用		
教学内容	1. 市政工程工程量计算软件应用 市政工程工程量计算软件的使用、运用软件计算市政工程量，编制市政工程量清单、上机操作实例 2. 市政计价软件应用 市政工程计价软件的使用、运用软件编制工程量清单计价、上机操作实例 3. 市政管理软件应用 市政工程管理软件的使用、运用软件进行 5D 管理等操作		
教学方法建议	1. 讲授法 2. 多媒体演示法 3. 案例教学法 4. 小组讨论法 5. 螺旋进度教学法		
考核评价要求	1. 课堂提问 2. 完成给定的案例，五级评分 3. 学生自评		

（5）园林工程造价专业核心知识单元教学要求

园林工程项目管理知识单元教学要求　　　　　表 107

单元名称	园林工程项目管理	最低学时	72 学时
教学目标	1. 理解项目管理的内容 2. 熟悉园林工程施工项目管理规划的基本理论 3. 掌握项目管理的方法		

单元名称	园林工程项目管理	最低学时	72 学时
教学内容	知识点 1. 园林工程项目管理 项目管理的概念、园林工程项目管理的内容与方法及项目管理规范、园林工程项目管理的目标、园林工程项目管理规划、园林工程项目管理的主体、政府有关主管部门的园林管理 知识点 2. 园林工程项目管理组织 园林工程项目管理的组织机构、园林工程项目经理部、建设工程项目的承包风险与管理，园林工程建造师制度 知识点 3. 流水施工的组织 流水施工的基本概念、流水施工的主要技术参数、流水施工的分类、流水施工的组织方式 知识点 4. 网络计划技术 网络计划技术的基本知识、时标网络计划技术、搭接网络计划技术、网络计划的优化 知识点 5. 园林工程施工组织 工程施工组织设计的作用、编制程序、编制依据、编制内容、编制的基本原则、工程概况、施工方案、施工进度计划、施工平面布置图、工程实例 知识点 6. 园林工程项目成本管理 园林工程项目成本管理的基本内容、管理原则、控制要点、控制途径 知识点 7. 园林工程施工质量、安全和文明施工管理 园林工程全面质量管理、质量体系保证、工程质量管理的基本方法和工程施工质量的分析与处理、施工现场的安全管理制度、施工现场安全管理的内容与要求、施工现场文明施工的基本内容与要求 知识点 8. 园林工程质量验收、备案和保修 园林工程质量验收的基本规定和程序，园林工程质量验收的组织和方法，园林工程备案与资料的整理，保修的基本概念与有关规定 知识点 9. 园林工程项目信息管理 园林工程项目信息管理的基本内容，园林工程项目信息管理的程序和方法，园林工程项目管理软件的应用 知识点 10. 园林工程法规 有关法规内容、实施要求
教学方法建议	1. 讲授法 2. 案例教学法 3. 小组讨论法
考核评价要求	1. 课堂提问 2. 完成给定案例，五级评分 3. 学生学习成果展示，完成自评

园林工程资料管理知识单元教学要求　　　　　　　　表 108

单元名称	园林工程资料管理	最低学时	20 学时
教学目标	1. 理解建设工程资料管理的相关制度 2. 熟悉建设工程资料管理的内容 3. 掌握资料管理的方法

单元名称	园林工程资料管理	最低学时	20 学时
教学内容	知识点 1. 园林工程资料管理的内容和相关制度 园林工程资料管理的内容、建设工程资料管理的意义、建设工程项目资料管理的应用、建设工程资料管理职责 知识点 2. 园林工程签证资料的管理方法 工程签证资料的范围、工程签证资料的内容、办理工程签证的程序、工程签证的确认、工程签证的法律效力 知识点 3. 园林工程索赔资料的管理方法 工程索赔资料的范围、办理工程索赔的程序、工程索赔资料内容、工程索赔时效及确认 知识点 4. 园林工程开竣工资料的管理方法 开工资料的编制内容、施工阶段资料的编制内容、竣工资料的编制内容、开竣工资料的编制原则及要求 知识点 5. 园林工程其他资料的内容及管理方法 园林工程其他技术资料的编制内容及管理方法		
教学方法建议	1. 讲授法 2. 多媒体演示法 3. 小组讨论法		
考核评价要求	1. 课堂提问 2. 完成给定的案例，五级评分 3. 学生自评		

园林建筑材料的分类与应用知识单元教学要求　　　　　　　　　　表 109

单元名称	园林建筑材料的分类与应用	最低学时	32 学时
教学目标	1. 理解建筑材料的分类 2. 熟悉建筑材料的应用		
教学内容	知识点 1. 建筑材料的基本性质 材料的组成与结构、材料的物理性质、材料的力学性质 知识点 2. 气硬性胶凝材料的分类及应用 气硬性胶凝材料构成、气硬性胶凝材料分类与应用 知识点 3. 水泥的分类及应用 水泥的材料构成、水泥的使用特点、通用水泥应用、特性水泥应用 知识点 4. 混凝土的分类及应用 混凝土的材料构成、钢筋混凝土的材料构成、混凝土养生 知识点 5. 砂浆的分类及应用 砂浆的材料构成、砂浆的技术性质、普通砂浆、特种砂浆 知识点 6. 建筑钢材的分类及应用 建筑钢材的分类、钢结构用钢、混凝土结构用钢 知识点 7. 墙体材料的分类及应用 墙体材料的材料构成、钢结构用钢、混凝土结构用钢、新型环保墙体材料的应用 知识点 8. 屋面材料的分类及应用 屋面材料的材料构成、屋顶的种类与构造、屋顶材料的应用 知识点 9. 木材的分类及应用 木材的材料构成、木材的种类与构造、木材的应用		

单元名称	园林建筑材料的分类与应用	最低学时	32 学时
教学方法建议	1. 讲授法 2. 多媒体演示法 3. 小组讨论法		
考核评价要求	1. 课堂提问 2. 完成给定的案例，五级评分 3. 学生自评		

园林装饰材料的分类与应用知识单元教学要求　　　　　　　表 110

单元名称	园林装饰材料的分类与应用	最低学时	10 学时
教学目标	1. 了解装饰材料的分类 2. 熟悉装饰料的应用		
教学内容	知识点 1. 建筑装饰材料的内容、分类及应用 建筑装饰材料的组成与结构、材料的物理性质、材料的力学性质、材料分类应用 知识点 2. 天然石材的分类及应用 天然石材的组成与结构、材料的物理性质、材料的力学性质、材料分类应用 知识点 3. 建筑塑料的分类及应用 建筑塑料的组成与结构、材料的物理性质、材料的力学性质、材料分类应用 知识点 4. 油漆涂料的分类及应用 油漆材料的组成与结构、材料的化学性质、材料分类应用		
教学方法建议	1. 讲授法 2. 多媒体演示法 3. 小组讨论法		
考核评价要求	1. 课堂提问 2. 完成给定的案例，五级评分 3. 学生自评		

园林制图标准与投影作图知识单元教学要求　　　　　　　表 111

单元名称	园林制图标准与投影作图	最低学时	80 学时
教学目标	1. 掌握园林制图基础知识；园林要素的表现技法 2. 掌握三面投影图绘制方法；园林平、立、剖等图的表现技法 3. 掌握园林效果图和鸟瞰图的绘制技法		
教学内容	知识点 1. 园林制图要求与方法 园林制图基本知识、园林制图规范标准、园林制图平面图、景观平面图定义、景观组成要素的平面表示方法、景观工程平面图制图图例 知识点 2. 三面投影图、剖面图、断面图概念及画法 三视图的识读、三视图的绘制、投影原理及应用 知识点 3. 园林景观阴影与透视的画法与识读 画法几何、园林景观阴影与透视的画法、园林景观透视图识读		
教学方法建议	1. 案例教学法 2. 项目教学法 3. 现场教学		
考核评价要求	1. 现场实际制图 2. 理论知识答辩等多元化考核评价		

园路园桥与铺装工程识图知识单元教学要求 表 112

单元名称	园路园桥与铺装工程识图	最低学时	10 学时
教学目标	1. 熟悉园路园桥与铺装工程平面图内容 2. 掌握园路园桥与铺装工程立面图内容与识图 3. 掌握园路园桥与铺装工程横断面图内容与识图		
教学内容	知识点 1. 园路园桥与铺装工程的施工总平面图、竖向设计图内容与识图 园路园桥与铺装工程的施工总平面图内容、组成要素的平面表示方法、平面图制图图例、实例练习 知识点 2. 园路园桥与铺装工程立面图内容与识图 园路园桥与铺装工程立面图定义、组成要素的立面表示方法、立面图制图图例、实例练习 知识点 3. 园路园桥与铺装横断面图的内容与识图 园路园桥与铺装工程横断面图定义、横断面图绘制与识图		
教学方法建议	1. 案例教学法 2. 任务驱动法 3. 启发式教学		
考核评价要求	1. 课堂提问 2. 完成给定案例，五级评分 3. 学生学习成果展示，完成自评		

园林种植工程识图知识单元教学要求 表 113

单元名称	园林种植工程识图	最低学时	10 学时
教学目标	1. 能识读园林种植工程平面图 2. 掌握等高线地形设计方法 3. 掌握种植工程定位放线图识图		
教学内容	知识点 1. 园林种植工程平面图识图 园林种植工程平面图内容、乔木种植平面图、灌木种植平面图、地被及花卉种植平面图 知识点 2. 地形等高线概念与识图 园林地形作用、等高线基本知识、地形等地形设计识图 知识点 3. 网格坐标定位放线图识读 网格定位放线图内容及识图、网格定位放线图绘制、坐标定位放线图内容及识图、坐标定位放线图绘制		
教学方法建议	1. 案例教学法 2. 项目教学法 3. 现场教学		
考核评价要求	1. 现场实际制图 2. 理论知识答辩等多元化考核评价		

园林景观工程识图知识单元教学要求　　　　表 114

单元名称	园林景观工程识图	最低学时	10 学时
教学目标	1. 掌握园林景观工程平面图 2. 掌握园林景观工程立面图内容与识图 3. 掌握园林景观工程横断面图内容与识图		
教学内容	知识点 1. 园林景观工程平面图识图 园林景观工程平面图内容、景观亭平面图识读、景观廊架平面图识读、景观墙平面图识读、水景工程平面图识读、景观灯平面图识读 知识点 2. 园林景观立面图识图 园林景观立面图定义、组成要素的立面表示方法、立面图制图图例、实例练习 知识点 3. 园林景观基础断面图的内容与识读 园林景观基础断面图定义、横断面图绘制与识图		
教学方法建议	1. 案例教学法 2. 项目教学法 3. 现场教学		
考核评价要求	1. 现场实际制图 2. 理论知识答辩等多元化考核评价		

园林植物知识单元教学要求　　　　表 115

单元名称	园林植物	最低学时	132 学时
教学目标	1. 识别常用的园林植物，掌握园林植物的生态习性；掌握常用园林植物的分类方法 2. 掌握园林植物的观赏特性与识别鉴定特征；正确理解园林植物配置原则、形式和艺术效果，园林植物的布局手法 3. 正确理解园林植物栽植原理和养护管理知识		
教学内容	知识点 1. 园林植物分类及生态习性 园林树木基础知识、园林树木形态分类基础、园林树木的生态习性、功能 园林被子植物形态、园林用途；木兰亚纲植物、五桠果亚纲植物、蔷薇亚纲植物、菊亚纲植物、棕榈亚纲、鸭趾草亚纲、百合亚纲形态特征、生态习性及园林用途 园林裸子植物形态、园林用途；苏铁科、银杏科、南洋杉科、松科、杉科、柏科、罗汉松科、红豆杉科的形态特征、生态习性及园林用途 园林花卉基础知识、园林花卉应用、园林花卉分类基础知识、花卉的生态习性。园林花卉的外部形态特征和生态习性、园林应用；一二年生花卉、多年生花卉、宿根花卉、球根花卉的形态特征、生态习性及园林应用 园林草坪草的外部形态特征和生态习性、园林应用；园林草坪草选择、建植及园林草坪草养护管理 知识点 2. 园林植物造景 园林植物造景基本原理、园林植物观赏分析、园林植物造景基本方法、乔灌木造景、花卉造景、地被和草坪造景、攀援植物造景 知识点 3. 园林植物栽培与管理 园林植物分类及生长发育规律、园林植物栽植技术、园林植物保护地栽培技术、园林植物种苗生产、园林植物养护管理		
教学方法建议	1. 案例教学法 2. 项目教学法 3. 现场教学		
考核评价要求	1. 现场实际植物识别、制作标本 2. 理论知识考试等多种方法结合进行考核评价		

单元名称	园林工程施工技术	最低学时	144 学时
教学目标	1. 了解园林工程概况 2. 熟悉园林各分部工程施工方法		
教学内容	知识点 1. 园林土方工程施工 地形改造设计与土壤分类、土方工程竖向设计、土方工程量计算、土方工程施工方法 知识点 2. 园林种植工程施工 种植材料特点、乔木种植技术、灌木种植技术、草坪及地被植物种植技术、攀援植物种植技术、花卉种植技术、养护管理措施 知识点 3. 园林园路园桥工程施工 园路工程分类、园路铺装材料、园路及广场工程路基施工、园路及广场工程基层施工、园路及广场工程面层施工； 园桥桥体结构形式、园桥基础施工、园桥桥面施工、栏杆安装技术、栈道与汀步施工 知识点 4. 园林景观工程施工 景观工程内容、景观工程材料、景观工程结构形式；园林水景工程施工、景观亭施工、景观廊架施工、景观墙施工、景观雕塑施工、五色草立体景观施工、景观灯施工、景观小品施工		
教学方法建议	1. 案例教学法 2. 任务驱动法 3. 启发式教学		
考核评价要求	1. 课堂提问 2. 完成给定案例，五级评分 3. 学生学习成果展示，完成自评		

单元名称	园林工程测量	最低学时	72 学时
教学目标	1. 理解工程测量的基本理论、基本概念 2. 掌握水准仪、经纬仪、全站仪、钢尺等基本测量仪器的使用与检校方法 3. 掌握园林施工测量放线的基本原理与方法		
教学内容	知识点 1. 工程测量的基本知识和应用 工程测量定义、测量基础、工程应用 知识点 2. 水准仪、经纬仪、全站仪、钢尺等基本测量仪器的使用 水准测量的原理、水准测量的仪器、水准仪的使用、测量方法、测量结果计算、测量误差及仪器校正 经纬测量的原理、经纬测量的仪器、经纬仪的使用、测量方法、测量结果计算、测量误差及仪器校正 全站仪测量的原理、测量的仪器、全站仪的使用、测量方法、测量结果计算、测量误差及仪器校正 距离测量的工具、基本方法；钢尺的使用；视距测量 知识点 3. 高程、角度、距离测量的外业与内业测量工作 平面图测绘、园路测量、地形测量 知识点 4. 园林测量放线的方法 园林土方工程测量方法、园林种植工程测量方法、园路园桥及广场工程测量方法、园林景观工程测量方法		
教学方法建议	1. 项目教学法 2. 任务驱动教学法 3. 分组教学法 4. 讲授法 5. 讨论法 6. 问题教学法等		
考核评价要求	仪器操作现场考试与理论知识答辩法等多种方法结合进行考核评价		

单元名称	园林工程工程量计算	最低学时	36 学时
教学目标	1. 掌握土石方工程工程量计算 2. 掌握种植工程工程量计算 3. 掌握园路园桥及铺装工程工程量计算 4. 掌握园林景观工程工程量计算		
教学内容	知识点 1. 工程量计算依据 施工图纸及设计说明、相关图集、设计变更、图纸答疑、会审记录、工程施工合同、招标文件的商务条款、工程量计算规则 知识点 2. 园林土石方工程量计算 土石方工程基础知识、挖土石方工程量计算 知识点 3. 园林种植工程量计算 种植工程基础知识、种植株行距计算、种植密度计算、种植材料计算、种植养护措施材料计算 知识点 4. 园路园桥及铺装工程量计算 园路工程基础知识、垫层工程量计算、基层工程量计算、面层工程量计算、其他材料计算 园桥工程基础知识、园桥基础工程量计算、园桥主体砌筑材料计算、园桥面层装饰材料计算 铺装工程基础知识、垫层工程量计算、基层工程量计算、面层工程量计算、其他管护措施材料计算 知识点 5. 园林景观工程量计算 园路景观工程基础知识、水景基础工程量计算、水景主体砌筑材料计算、水景管线材料计算、水景电气材料计算 景观亭基础知识、基础工程量计算、主体砌筑材料计算、面层材料工程量计算、电气材料计算 景观廊架基础知识、基础工程量计算、主体砌筑材料计算、面层材料工程量计算、电气材料计算 景观墙基础知识、基础工程量计算、主体砌筑材料计算、面层材料工程量计算、电气材料计算 景观雕塑基础知识、基础工程量计算、主体砌筑材料计算、面层材料工程量计算 五色草立体景观基础知识、基础工程量计算、主体骨架材料计算、种植基质材料计算、种植材料工程量计算 景观小品基础知识、基础工程量计算、主体砌筑材料计算、面层材料工程量计算		
教学方法建议	1. 案例教学法 2. 任务驱动法 3. 启发式教学		
考核评价要求	1. 课堂提问 2. 完成给定的案例,五项评分 3. 数据完成的实习报告,检查学生学习收获		

园林工程计价定额知识单元教学要求   表 119

单元名称	园林工程计价定额	最低学时	8 学时
教学目标	1. 熟悉园林工程计价定额的构成 2. 掌握园林工程计价定额的换算		
教学内容	知识点 1. 计价定额的构成 园林工程计价定额的作用、园林工程计价定额的内容、计价定额的编制依据、计价定额项目的编排形式、计价定额的使用方法、工程量计算规则 知识点 2. 计价定额的换算 加减换算、人工换算、材料换算、机械台班换算		
教学方法建议	1. 案例教学法 2. 任务驱动法 3. 启发式教学		
考核评价要求	1. 课堂提问 2. 完成给定的案例，五项评分 3. 数据完成的实习报告，检查学生学习收获		

园林工程造价费用计算知识单元教学要求   表 120

单元名称	园林工程造价费用计算	最低学时	10 学时
教学目标	1. 掌握建筑安装工程费用划分 2. 掌握建筑安装工程费用计算方法 3. 掌握分部分项工程费计算 4. 掌握措施项目费计算 5. 掌握其他项目费计算 6. 掌握规费和税金计算		
教学内容	知识点 1. 建筑安装工程费用划分 直接费、直接工程费、措施费、企业管理费、利润、安全文明施工费、规费、税金 知识点 2. 建筑安装工程费用计算方法 清单计价模式计算方法、定额计价模式计算方法 知识点 3. 分部分项工程费计算 分部分项工程费基础知识、种植工程分部分项工程费计算、园路园桥分部分项工程费计算、景观工程分部分项工程费计算 知识点 4. 措施项目费计算 单价措施项目费计算、总价措施项目费计算 知识点 5. 其他项目费计算 人工费价差计算、材料费价差计算、机械费价差计算、暂列金额计算、专业工程暂估价计算、计日工计算、总承包服务费计算 知识点 6. 规费和税金计算 养老保险费计算、医疗保险费计算、失业保险费计算、工伤保险费计算、生育保险费计算、住房公积金计算、工程排污费计算		

单元名称	园林工程造价费用计算	最低学时	10 学时
教学方法建议	1. 案例教学法 2. 任务驱动法 3. 启发式教学		
考核评价要求	1. 课堂提问 2. 完成给定的案例，五项评分 3. 数据完成的实习报告，检查学生学习收获		

园林工程工程量清单编制知识单元教学要求　　　　表 121

单元名称	园林工程工程量清单编制	最低学时	20 学时
教学目标	1. 熟悉工程量清单计价规范 2. 掌握定额计价与清单计价的联系与区别 3. 掌握分部分项工程量清单编制 4. 掌握措施项目清单编制 5. 掌握其他项目清单编制 6. 掌握规费和税金项目清单编制		
教学内容	知识点 1. 工程量清单计价规范 工程量清单基础知识、工程量清单适用范围及意义、工程量清单计价规范内容 知识点 2. 定额计价与清单计价的联系与区别 编制工程量单位、编制工程量清单时间、表现形式、编制依据、费用组成、评标采用的方法、项目编码、合同价调整方式、投标计算口径、索赔 知识点 3. 分部分项工程量清单编制 分部分项工程量清单编制内容与方法、种植工程工程量清单编制、园路工程工程量清单编制、景观工程工程量清单编制 知识点 4. 措施项目清单编制 单价措施项目费清单编制、总价措施项目费清单编制 知识点 5. 其他项目清单编制 暂列金额明细表编制、专业工程暂估价表编制、计日工表编制、总承包服务费计价表编制 知识点 6. 规费和税金项目清单编制 规费税金项目清单内容、规费税金计价表编制		
教学方法建议	1. 案例教学法 2. 任务驱动法 3. 启发式教学		
考核评价要求	1. 课堂提问 2. 完成给定的案例，五项评分 3. 数据完成的实习报告，检查学生学习收获		

园林工程工程量清单报价书编制知识单元教学要求　　　　　　　　　　　**表 122**

单元名称	园林工程工程量清单 报价书编制	最低学时	20 学时
教学目标	1. 掌握分部分项工程量清单项目综合单价计算 2. 掌握措施项目清单费计算 3. 掌握分部分项工程量清单项目费计算 4. 掌握其他项目清单费计算 5. 掌握规费和税金项目清单费计算		
教学内容	知识点 1. 分部分项工程量清单项目综合单价计算 计费人工费、人工费计算、材料费计算、材料风险费、机械费计算、机械风险费、企业管理费、利润、综合单价 知识点 2. 措施项目清单费计算 单价措施项目费计算、总价措施项目费计算 知识点 3. 分部分项工程量清单项目费计算 分部分项工程费计算、计费人工费计算 知识点 4. 其他项目清单费计算 暂列金额计算、专业工程暂估价计算、计日工、总承包服务费计算 知识点 5. 规费和税金项目清单费计算 规费计算、税金计算		
教学方法建议	1. 案例教学法 2. 任务驱动法 3. 启发式教学		
考核评价要求	1. 课堂提问 2. 完成给定的案例，五项评分 3. 数据完成的实习报告，检查学生学习收获		

园林工程工程费用调整编制知识单元教学要求　　　　　　　　　　　**表 123**

单元名称	园林工程工程费用调整	最低学时	10 学时
教学目标	1. 掌握人工费调整计算 2. 掌握材料费调整计算 3. 掌握机械台班费调整计算 4. 掌握管理费、利润、税金等费用调整计算		
教学内容	知识点 1. 人工费调整计算 人工费调整依据、人工费调整方法及案例 管理费调整及案例、利润调整及案例 知识点 2. 材料费调整计算 材料费调整依据、材料费调整方法及案例 知识点 3. 机械台班费调整计算 机械台班费调整依据、机械台班费调整方法及案例 知识点 4. 管理费、利润、税金等费用调整计算 管理费调整计算、利润调整计算、规费及税金调整计算、总承包服务费调整计算、措施项目费调整计算		
教学方法建议	1. 案例教学法 2. 任务驱动法 3. 启发式教学		
考核评价要求	1. 课堂提问 2. 完成给定的案例，五项评分 3. 数据完成的实习报告，检查学生学习收获		

园林工程结算知识单元教学要求 表 124

单元名称	园林工程结算	最低学时	10 学时
教学目标	1. 掌握费用调整计算 2. 掌握工程结算书编制		
教学内容	知识点 1. 园林工程工程量调整 　工程结算分类、工程结算编制依据、工程结算编制方法及步骤、工程结算资料内容及整理、结算资料的审核方法、工程变更资料复核、工程索赔资料复核、依据竣工图及变更和索赔资料调整工程量 知识点 2. 费用调整计算 　人工费调整依据、人工费调整方法及案例；材料费调整依据、材料费调整方法及案例；机械台班费调整依据、机械台班费调整方法及案例；管理费调整、利润调整、规费税金调整、措施费调整 知识点 3. 工程结算书编制 工程结算书编制方法、工程结算书编制步骤、工程结算书编制案例		
教学方法建议	1. 案例教学法 2. 任务驱动法 3. 启发式教学		
考核评价要求	1. 课堂提问 2. 完成给定的案例，五级评分 3. 数据完成的实习报告，检查学生学习收获		

园林工程计价软件应用知识单元教学要求 表 125

单元名称	园林工程计价软件应用	最低学时	40 学时
教学目标	1. 掌握工程造价计价软件操作 2. 掌握工程造价计价软件应用		
教学内容	知识点 1. 掌握工程造价计价软件操作 园林工程计价软件的使用方法 知识点 2. 掌握工程造价计价软件应用 运用软件编制工程量清单计价、上机操作实例		
教学方法建议	1. 案例教学法 2. 任务驱动法 3. 启发式教学		
考核评价要求	1. 课堂提问 2. 完成给定的案例，五级评分 3. 现场计价软件操作、工程量计算及理论知识考试等多种方法结合进行考核评价		

（6）建筑工程造价专业技能单元教学要求

房屋测绘技能单元教学要求　　　　　　　　表 126

单元名称	房屋测绘	最低学时	30 学时
教学目标	专业能力： 1. 能绘制常见的民用建筑工程的建筑施工图 2. 能绘制常见的民用建筑工程的结构施工图 3. 能绘制常见的民用建筑工程的管道施工图 4. 能绘制常见的民用建筑工程的电气施工图 方法能力： 1. 学会前后对比分析识读施工图 2. 学会解决施工图中出现的问题 社会能力： 1. 通过施工图绘制及有关问题的处理练习，培养学生的综合运用知识及理论联系实际的能力 2. 划分学习小组，进行角色扮演识读施工图，培养学生发现问题、解决问题的能力以及协调沟通能力		
教学内容	技能点 1. 建筑平面图绘制 掌握绘制建筑平面图 技能点 2. 建筑立面图绘制 掌握绘制建筑立面图 技能点 3. 建筑剖面图绘制 掌握绘制建筑剖面图 技能点 4. 建筑详图绘制 掌握绘制建筑详图		
教学方法建议	1. 现场教学法 2. 案例教学法 3. 角色扮演法 4. 螺旋进度教学法		
教学场所要求	校内实训基地、校内实训教室		
考核评价要求	建议根据任务完成计划情况、成果质量、面试等环节确定总评成绩		

建筑材料检测技能单元教学要求　　　　　　　　表 127

单元名称	建筑材料检测	最低学时	10 学时
教学目标	专业能力： 1. 能辨识常见的建筑材料 2. 能通过检测材料判定材料性能 方法能力： 1. 学会分析施工图中反映的各种建筑和装饰材料 2. 学会解决施工图中出现的问题 社会能力： 1. 通过材料检测及有关问题的处理练习，培养学生的综合运用知识及理论联系实践的能力 2. 划分学习小组，进行施工图中材料的分析，培养学生发现问题、解决问题的能力以及协调沟通能力		

单元名称	建筑材料检测	最低学时	10 学时
教学内容	技能点 1. 水泥检测 掌握水泥检测方法 技能点 2. 砂、石检测 掌握砂、石检测方法 技能点 3. 混凝土试配与检测 掌握混凝土试配与检测方法 技能点 4. 钢筋检测 掌握钢筋检测方法 技能点 5. 墙体材料检测 掌握墙体材料检测方法		
教学方法建议	1. 成果归纳法 2. 案例教学法 3. 角色扮演法 4. 螺旋进度教学法		
教学场所要求	校内实训基地、校内实训室、材料实验室		
考核评价要求	1. 建议根据任务完成计划情况、成果质量、面试等环节确定总评成绩 2. 总结成果并展示		

建筑工程预算技能单元教学要求　　　　　　　　　　表 128

单元名称	建筑工程预算	最低学时	60 学时
教学目标	专业能力： 1. 能正确完成建筑工程量计算 2. 能正确运用建筑工程定额 3. 能正确完成建筑工程预算工作 方法能力： 1. 学会主动收集当地工程造价计价文件 2. 学会解决建筑工程预算过程中出现的问题 社会能力： 1. 培养学生发现问题、解决问题以及协调沟通能力 2. 培养学生的合同意识和法律意识 3. 培养学生的成本控制和企业效益意识		
教学内容	技能点 1. 计算建筑工程量 根据图纸、工程量计算规则计算建筑工程工程量 技能点 2. 套用预算定额 掌握套用预算定额 技能点 3. 直接费计算及工料分析 掌握直接费计算及工料分析 技能点 4. 间接费计算 掌握间接费计算 技能点 5. 利润、税金及工程造价费用汇总计算 掌握利润、税金及工程造价费用汇总计算		
教学方法建议	1. 讲授法 2. 案例教学法 3. 角色扮演法 4. 螺旋进度教学法		
教学场所要求	校内工程造价实训室、校内实训基地		
考核评价要求	建议根据任务完成计划情况、成果质量、面试等环节确定总评成绩		

单元名称	装饰工程预算	最低学时	30 学时
教学目标	专业能力： 1. 能正确完成装饰工程量计算 2. 能正确运用装饰工程定额 3. 能正确完成装饰工程预算工作 方法能力： 1. 学会主动收集当地工程造价计价文件 2. 学会解决装饰工程预算过程中出现的问题 社会能力： 1. 培养学生发现问题、解决问题以及协调沟通能力 2. 培养学生的合同意识和法律意识 3. 培养学生的成本控制和企业效益的意识		
教学内容	技能点 1. 计算装饰工程量 掌握装饰工程量计算 技能点 2. 套用装饰预算定额 掌握套用装饰预算定额 技能点 3. 直接费计算及工料分析 掌握直接费计算及工料分析 技能点 4. 间接费计算 掌握间接费计算 技能点 5. 利润、税金及工程造价费用汇总计算 掌握利润、税金及工程造价费用汇总计算		
教学方法建议	1. 讲授法 2. 案例教学法 3. 角色扮演法 4. 螺旋进度教学法		
教学场所要求	校内工程造价实训室、校内实训基地		
考核评价要求	建议根据任务完成计划情况、成果质量、面试等环节确定总评成绩		

工程量清单编制技能单元教学要求　　　　表 130

单元名称	工程量清单编制	最低学时	30 学时
教学目标	专业能力： 1. 能正确完成清单工程量计算 2. 能正确完成分部分项工程量清单、措施项目清单、其他项目清单、规费与税金清单编制 方法能力： 1. 学会主动收集工程量清单编制依据 2. 学会解决工程量清单过程中出现的问题 社会能力： 1. 培养学生协调沟通能力 2. 培养学生的合同意识和法律意识 3. 培养学生的成本控制和企业效益的意识 4. 培养学生的学习能力		

单元名称	工程量清单编制	最低学时	30 学时
教学内容	技能点 1. 清单工程量计算 根据图纸、《建设工程工程量清单计价规范》等相关资料计算清单工程量 技能点 2. 分部分项工程量清单编制 编制分部分项工程量清单 技能点 3. 措施项目清单编制 根据相关规定与常规施工方案编制措施项目清单 技能点 4. 其他项目清单编制 根据相关规定编制其他项目清单 技能点 5. 规费与税金清单编制 根据相关规定编制规费与税金项目清单		
教学方法建议	1. 讲授法 2. 案例教学法 3. 角色扮演法 4. 螺旋进度教学法		
教学场所要求	校内工程造价实训室、校内实训基地		
考核评价要求	建议根据任务完成计划情况、成果质量、面试等环节确定总评成绩		

工程量清单报价技能单元教学要求　　　　　　　　表 131

单元名称	工程量清单报价	最低学时	60 学时
教学目标	专业能力： 1. 能正确完成综合单价计算 2. 能正确完成分部分项工程费、措施项目费、其他项目费、规费、税金计算，并能正确汇总计算工程造价 方法能力： 1. 学会主动收集当地工程造价计价文件、资料 2. 学会解决工程量清单报价过程中出现的问题 社会能力： 1. 培养学生发现问题、解决问题以及协调沟通能力 2. 培养学生的合同意识和法律意识 3. 培养学生的成本控制和企业效益的意识 4. 培养学生学习能力		

单元名称	工程量清单报价	最低学时	60学时
教学内容	技能点1. 复核分部分项工程量清单 按照图纸、《建设工程工程量清单计价规范》等相关资料复核分部分项清单工程量 技能点2. 综合单价计算 根据图纸、定额、招标文件、《建设工程工程量清单计价规范》等相关资料进行综合单价计算 技能点3. 分部分项工程项目费计算 分部分项工程项目费计算 技能点4. 措施项目费计算 根据图纸、施工组织设计、施工技术方案以及相关规定进行措施项目费计算 技能点5. 其他项目费计算 掌握其他项目费计算 技能点6. 规费项目费计算 根据相关规定进行规费计算 技能点7. 税金项目费计算 根据相关规定进行税金计算		
教学方法建议	1. 讲授法 2. 案例教学法 3. 角色扮演法 4. 螺旋进度教学法		
教学场所要求	校内工程造价实训室、校内实训基地		
考核评价要求	建议根据任务完成计划情况、成果质量、面试等环节确定总评成绩		

工程结算技能单元教学要求   表132

单元名称	工程结算	最低学时	30学时
教学目标	专业能力： 1. 能根据相关工程竣工资料正确计算变更工程量 2. 能根据相关竣工资料或相关规定正确调整人工费、机械费、材料费、利润与税金 3. 能根据相关竣工资料正确计算工程结算造价 方法能力： 1. 学会主动收集当地工程造价计价文件、资料 2. 学会解决结算工程中出现的问题 社会能力： 1. 培养学生发现问题、解决问题的能力以及协调沟通能力 2. 培养学生的合同意识和法律意识 3. 培养学生的成本控制和企业效益的意识		

单元名称	工程结算	最低学时	30 学时
教学内容	技能 1. 工程量调整计算 按照竣工资料进行工程量调整计算 技能 2. 人工费调整计算 按照相关规定和要求进行人工费调整计算 技能 3. 材料费调整计算 按照相关规定和要求进行材料费调整计算 技能 4. 机械费调整计算 按照相关规定和要求进行机械费调整计算 技能 5. 管理费调整计算 按照相关规定和要求进行管理费调整计算 技能 6. 工程造价调整计算 按照相关规定和要求进行工程造价调整计算		
教学方法建议	1. 讲授法 2. 角色扮演法 3. 螺旋进度教学法		
教学场所要求	校内工程造价实训室、校内实训基地		
考核评价要求	建议根据任务完成计划情况、成果质量、面试等环节确定总评成绩		

计量、计价软件应用技能单元教学要求　　　　　　　　　　表 133

单元名称	计量、计价软件应用	最低学时	60 学时
教学目标	专业能力： 1. 能应用计量软件完成工程量计算 2. 能应用计价软件完成工程造价计算 方法能力： 1. 学会主动收集当地工程造价计价文件、资料 2. 学会解决软件应用过程中出现的问题 社会能力： 1. 培养学生发现问题、解决问题以及协调沟通能力 2. 培养学生的学习能力		
教学内容	技能 1. 建筑工程量计算 应用软件完成建筑工程工程量计算 技能 2. 装饰工程量计算 应用软件完成装饰工程工程量计算 技能 3. 钢筋工程量计算 应用软件完成钢筋工程量计算 技能 4. 工程量清单报价书编制 应用软件完成工程量清单报价书编制		
教学方法建议	1. 讲授法 2. 角色扮演法 3. 螺旋进度教学法		
教学场所要求	校内工程造价软件实训室、工程造价实训室、校内实训基地		
考核评价要求	建议根据任务完成计划情况、成果质量、面试等环节确定总评成绩		

单元名称	Revit 基础	最低学时	45 学时
教学目标	在熟练掌握 Revit 软件的基本操作命令、识读结构施工图的基本方法以及技巧的前提下，能够熟练进行各专业图纸的建模		
教学内容	知识点 1. 16G101 图集讲解 16G101 图集系列介绍、框架构件的平法识图知识及构造详图识读讲解、根据实例的结构施工图知识进行图纸的识读 知识点 2. 基础构件建模 新建工程、工程设置（楼层、计算规则等） 知识点 3. 轴网、柱构件建模 软件的轴网布置方式、柱构件的平法标注类型、学会柱构件的建模、学会柱自定义断面的操作 知识点 4. 墙构件建模 墙构件的平法识图知识、软件门窗的特性、软件门窗的属性设置、软件墙及门窗的布置方法 知识点 5. 梁构件建模 梁构件的平法识图知识、软件梁的属性定义及布置、修改梁的平法标注 知识点 6. 板、板筋构件建模 板、板筋的平法识图；板、板筋的属性定义；板、板筋的布置方法 知识点 7. 楼梯构件建模 楼梯构件的平法识图、楼梯构件的属性定义、楼梯构件的布置方法 知识点 8. 基础构件建模 基础图纸的识图、软件基础构件的属性设置、软件基础构件的布置方法 知识点 9. 自定义线性构件建模 图纸节点的平法识图、软件自定义线性构件的属性定义、软件自定义线性构件的布置方法		
教学方法建议	1. 多媒体演示法 2. 讲授法 3. 小组讨论法 4. 案例教学法 5. 信息化教学法 6. 直观教学法 7. 螺旋进度教学法		
考核评价要求	1. 课堂提问 2. 完成给定的案例、五级评分 3. 学生自评		

单元名称	工程造价综合训练	最低学时	240 学时
教学目标	专业能力： 1. 能熟练手工计算工程量、编制工程预算 2. 能熟练手工编制工程量清单、投标报价书 3. 能熟练运用软件计算工程量、编制工程预算 4. 能熟练运用软件编制工程量清单、投标报价书 方法能力： 1. 学会主动收集计算工程量所需的各种资料 2. 学会解决工程量计算中出现的问题 社会能力： 1. 通过具体工程项目造价综合的训练，培养学生综合运用知识及理论联系实践的能力 2. 培养学生发现问题、解决问题的能力 3. 培养团队协作能力、沟通交流能力 4. 培养学生的学习能力		
教学内容	技能点 1. 职业能力分析 正确进行职业能力分析 技能点 2. 工作内容分析 正确进行工作内容分析 技能点 3. 综合实训指导 正确并熟练手工、软件计算建筑面积 4000m² 左右的常见民用建筑工程建筑工程造价（运用预算与清单两种计价方式） 正确并熟练手工、软件计算建筑面积 4000m² 左右的常见民用建筑工程装饰工程造价（运用预算与清单两种计价方式） 正确并熟练手工、软件计算建筑面积 4000m² 左右的常见民用建筑工程安装工程造价（运用预算与清单两种计价方式） 正确并熟练手工、软件计算 4000m² 左右的常见民用建筑工程工程结算造价（运用预算与清单两种计价方式）		
教学方法建议	1. 小组讨论法 2. 角色扮演法 3. 螺旋进度教学法 4. 成果归纳法		
教学场所要求	校内工程造价软件实训室、工程造价实训室、校内实训基地		
考核评价要求	1. 考核完成计划情况、成果质量 2. 通过面试考核学生操作过程中处理问题的能力 3. 通过学生书面总结考查学生学习收获		

（7）安装工程造价专业技能单元教学要求

安装工程识图技能单元教学要求 **表 136**

单元名称	安装工程识图	最低学时	18 学时
教学目标	专业能力： 　能够熟练识读生活给水排水系统施工图、消防工程施工图、室内采暖工程施工图、通风与空调工程施工图、照明系统施工图、防雷与接地装置施工图、室内电视、电话及网络系统施工图、火灾自动报警系统施工图、10kV 以下变配电工程施工图 方法能力： 1. 具有提出问题、分析问题、解决问题的能力 2. 能够运用所学的识图知识，进行建筑设备施工图的识读 社会能力： 1. 具有与工程相关人员进行施工图识读和交流的能力 2. 能够配合工程相关人员完成工程施工图的识读		
教学内容	技能点 1. 生活给水排水系统施工图识读 生活给水排水系统平面图、系统图、大样图的识读方法 技能点 2. 消防工程施工图识读 消防工程施工图平面图、系统图、大样图的识读方法 技能点 3. 室内采暖工程施工图识读 室内采暖工程施工图平面图、系统图、大样图的识读方法 技能点 4. 通风与空调工程施工图识读 通风与空调工程施工图平面图、系统图、大样图的识读方法 技能点 5. 照明系统施工图识读 照明系统施工图识读平面图、系统图、大样图的识读方法 技能点 6. 防雷与接地装置施工图识读 防雷与接地装置施工图平面图、系统图、大样图的识读方法 技能点 7. 室内电视、电话及网络系统施工图识读 室内电视、电话及网络系统施工图平面图、系统图、大样图的识读方法 技能点 8. 火灾自动报警系统施工图识读 火灾自动报警系统施工图平面图、系统图、大样图的识读方法 技能点 9. 10kV 以下变配电工程施工图识读 10kV 以下变配电工程施工图平面图、系统图、大样图的识读方法		
教学方法建议	1. 讲授法 2. 案例教学法 3. 小组讨论法		
教学场所要求	校内理实一体化实训教室		
考核评价要求	采用自我评价、学员互评、教师评价相结合的方式对学习过程中的课堂发言、小组讨论、完成作业、实训效果、团队合作等方面进行综合评价。应体现过程与结果、知识与能力并重的原则		

安装工程施工质量验收技能单元教学要求 表 137

单元名称	安装工程施工质量验收	最低学时	20 学时
教学目标	专业能力： 1. 具有填写建筑水暖工程分部分项工程质量验收记录的能力 2. 具有填写建筑电气工程分部分项工程质量验收记录的能力 方法能力： 1. 具有提出问题、分析问题、解决问题的能力 2. 能够运用所学的质量验收知识，能够运用建筑设备工程质量验收的方法 社会能力： 具有与工程相关人员进行沟通和内部协调的能力		
教学内容	技能点 1. 给水排水与采暖工程检验批、分项、分部（子分部）工程质量验收记录 室内给水系统、室内排水系统、室内热水供应系统、卫生器具安装、室内采暖系统、建筑中水系统及游泳池系统、供热锅炉及辅助设备安装等分部分项工程质量验收记录的填写 技能点 2. 建筑电气分部工程检验批、分项、分部（子分部）工程质量验收记录 变配电室、供电干线、电气动力、电气照明安装、备用和不间断电源安装、防雷及接地安装等分部分项工程质量验收记录的填写		
教学方法建议	1. 讲授法 2. 案例教学法 3. 小组讨论法		
教学场所要求	校内实训基地、校内实训教室		
考核评价要求	采用自我评价、学员互评、教师评价相结合的方式对学习过程中的课堂发言、小组讨论、完成作业、实训效果、团队合作等方面进行综合评价。应体现过程与结果、知识与能力并重的原则		

安装工程总造价计算技能单元教学要求 表 138

单元名称	安装工程总造价计算	最低学时	12 学时
教学目标	专业能力： 1. 具有建筑水电安装工程量计算的能力 2. 具有套用安装预算定额的能力 3. 具有计算直接费与工料机分析的能力 4. 具有间接费计算的能力 5. 具有利润、税金计算及工程造价费用汇总的能力 方法能力： 1. 具有提出问题、分析问题、解决问题的能力 2. 能够运用所学的质量验收知识，进行建筑设备工程质量验收 社会能力： 具有与工程相关人员进行沟通和内部协调的能力		

单元名称	安装工程总造价计算	最低学时	12 学时
教学内容	技能点 1. 建筑水电安装工程量计算 给水排水、燃气工程、电气工程、通风空调工程、室内采暖工程等工程量计算 技能点 2. 套用安装预算定额 套用安装预算定额 技能点 3. 直接费计算与工料机分析 计算直接费和工料机分析 技能点 4. 间接费计算 掌握间接费的计算 技能点 5. 利润、税金计算及工程造价费用汇总 掌握利润、税金的计算及工程造价费用的汇总		
教学方法建议	1. 讲授法 2. 案例教学法 3. 小组讨论法		
教学场所要求	校内理实一体化实训教室		
考核评价要求	采用自我评价、学员互评、教师评价相结合的方式对学习过程中的课堂发言、小组讨论、完成作业、实训效果、团队合作等方面进行综合评价。应体现过程与结果、知识与能力并重的原则		

安装工程量清单编制技能单元教学要求　　　　　　　　表 139

单元名称	安装工程量清单编制	最低学时	10 学时
教学目标	专业能力： 1. 能编制分部分项工程量清单 2. 能编制措施项目清单 3. 能编制其他项目清单 4. 能编制规费与税金项目清单 方法能力： 1. 会工程量清单的编制 2. 会解决工程量清单编制过程中出现的问题 社会能力： 1. 通过编制工程量清单及有关问题的处理练习，培养学生的综合运用知识及理论联系实际的能力 2. 划分学习小组，进行角色分配，培养学生发现问题、解决问题的能力及协调沟通能力		

单元名称	安装工程量清单编制	最低学时	10 学时
教学内容	技能点 1. 分部分项工程量清单编制 机械设备安装工程量清单、电气设备安装工程量清单、静置设备与工艺金属结构制作安装工程量清单、工业管道安装工程量清单编制，给水排水、采暖、燃气安装工程量清单编制 技能点 2. 措施项目清单编制 单价措施项目、总价措施项目清单的编制 技能点 3. 其他项目清单编制 暂列金额、计日工、总承包服务费、专业工程暂估价等项目清单的编制 技能点 4. 规费与税金项目清单的编制 规费、增值税等费用的计算		
教学方法建议	1. 现场教学法 2. 案例教学法 3. 多媒体演示法 4. 螺旋进度教学法		
教学场所要求	校内实训机房		
考核评价要求	建议根据任务完成计划情况、成果质量、面试等环节确定总评成绩		

安装工程量清单报价技能单元教学要求　　　　　　　　表 140

单元名称	安装工程量清单报价	最低学时	10 学时
教学目标	专业能力： 1. 能复核分部分项工程量清单 2. 能计算综合单价 3. 能计算分部分项工程项目费用 4. 能计算措施项目 5. 能计算其他项目费 6. 能计算规费项目费 7. 能计算税金项目费 方法能力： 1. 学会工程量清单的报价 2. 学会解决工程量清单报价过程中出现的问题 社会能力： 1. 通过进行工程量清单报价及有关问题的处理练习，培养学生的综合运用知识及理论联系实际的能力 2. 划分学习小组，进行角色分配，培养学生发现问题、解决问题的能力以及协调沟通能力		

单元名称	安装工程量清单报价	最低学时	10 学时
教学内容	技能点 1. 复核分部分项工程量清单 对分部分项工程量清单进行复核计算 技能点 2. 综合单价的计算 综合单价的计算方法，综合单价中的人工费、材料费、机械费、管理费及利润的分析 技能点 3. 分部分项工程项目费用的计算 分部分项工程项目费用的计算 技能点 4. 措施项目费的计算 措施项目费的计算 技能点 5. 其他项目费的计算 其他项目费的计算 技能点 6. 规费项目费的计算 规费项目费的计算 技能点 7. 税金项目费的计算 税金项目费的计算		
教学方法建议	1. 现场教学法 2. 案例教学法 3. 多媒体演示法 4. 角色扮演法 5. 螺旋进度教学法		
教学场所要求	校内实训机房		
考核评价要求	建议根据任务完成计划情况、成果质量、面试等环节确定总评成绩		

安装工程招标控制价编制技能单元教学要求

表 141

单元名称	安装工程招标控制价编制	最低学时	10 学时
教学目标	专业能力： 1. 能进行定额套价 2. 能计算综合单价 3. 能计算分部分项工程项目费用 4. 能计算措施项目费 5. 能计算其他项目费 6. 能计算规费项目费 7. 能计算税金项目费 方法能力： 1. 学会招标控制价的编制 2. 学会解决编制招标控制价过程中出现的问题 社会能力： 1. 通过进行招标控制价的编制及有关问题的处理练习，培养学生综合运用知识及理论联系实际的能力 2. 划分学习小组，进行角色分配，培养学生发现问题、解决问题的能力以及协调沟通能力		

单元名称	安装工程招标控制价编制	最低学时	10 学时
教学内容	技能点 1. 定额套价 定额子目的套用 技能点 2. 综合单价的计算 综合单价的计算 技能点 3. 分部分项工程项目费用的计算 分部分项工程项目费用的计算 技能点 4. 措施费项目的计算 措施费项目的计算 技能点 5. 其他项目费的计算 其他项目费的计算 技能点 6. 规费项目费的计算 规费项目费的计算 技能点 7. 税金项目费的计算 税金项目费的计算		
教学方法建议	1. 现场教学法 2. 案例教学法 3. 多媒体演示法 4. 角色扮演法 5. 螺旋进度教学法		
教学场所要求	校内实训机房		
考核评价要求	建议根据任务完成计划情况、成果质量、面试等环节确定总评成绩		

安装工程算量与计价软件应用技能单元教学要求　　　　　　　　　　　　　表 142

单元名称	安装工程算量与计价软件应用	最低学时	20 学时
教学目标	专业能力： 1. 能进行建筑水暖工程软件算量与各项费用计算 2. 能进行建筑电气工程软件算量与各项费用计算 方法能力： 1. 学会应用算量和计价软件 2. 学会解决算量与计价软件应用过程中出现的问题 社会能力： 1. 通过进行算量与计价软件应用及有关问题的处理练习，培养学生的综合运用知识及理论联系实际的能力 2. 划分学习小组，进行角色分配，培养学生发现问题、解决问题的能力及协调沟通能力		

单元名称	安装工程算量与计价软件应用	最低学时	20学时
教学内容	技能点1. 建筑水暖工程软件算量与各项费用计算 建筑水暖工程软件算量与各项费用的计算 技能点2. 建筑电气工程软件算量与各项费用计算 建筑电气工程软件算量与各项费用的计算		
教学方法建议	1. 现场教学法 2. 案例教学法 3. 多媒体演示法 4. 角色扮演法 5. 螺旋进度教学法		
教学场所要求	校内实训机房		
考核评价要求	建议根据任务完成计划情况、成果质量、面试等环节确定总评成绩		

安装工程量清单报价技能单元教学要求　　　　　　表143

单元名称	安装工程量清单报价	最低学时	10学时
教学目标	专业能力： 1. 能复核分部分项工程量清单 2. 能计算综合单价 3. 能计算分部分项工程项目费用 4. 能计算措施项目费 5. 能计算其他项目费 6. 能计算规费项目费 7. 能计算税金项目费 方法能力： 1. 学会工程量清单的报价 2. 学会解决工程量清单报价过程中出现的问题 社会能力： 1. 通过进行工程量清单报价及有关问题的处理练习，培养学生的综合运用知识及理论联系实际的能力 2. 划分学习小组，进行角色分配，培养学生发现问题、解决问题的能力以及协调沟通能力		
教学内容	技能点1. 复核分部分项工程量清单 对分部分项工程量清单进行复核计算 技能点2. 综合单价的计算 综合单价的计算方法，综合单价中的人工费、材料费、机械费、管理费及利润的分析 技能点3. 分部分项工程项目费用的计算 分部分项工程项目费用的计算 技能点4. 措施项目费的计算 措施项目费的计算 技能点5. 其他项目费的计算 其他项目费的计算 技能点6. 规费项目费的计算 规费项目费的计算 技能点7. 税金项目费的计算 税金项目费的计算		
教学方法建议	1. 现场教学法 2. 案例教学法 3. 多媒体演示法 4. 角色扮演法 5. 螺旋进度教学法		
教学场所要求	校内实训机房		
考核评价要求	建议根据任务完成计划情况、成果质量、面试等环节确定总评成绩		

单元名称	安装工程招标控制价编制	最低学时	10 学时
教学目标	专业能力： 1. 能进行定额套价 2. 能计算综合单价 3. 能计算分部分项工程项目费用 4. 能计算措施项目费 5. 能计算其他项目费 6. 能计算规费项目费 7. 能计算税金项目费 方法能力： 1. 学会招标控制价的编制 2. 学会解决编制招标控制价过程中出现的问题 社会能力： 1. 通过进行招标控制价的编制及有关问题的处理练习，培养学生的综合运用知识及理论联系实践的能力 2. 划分学习小组，进行角色分配，培养学生发现问题、解决问题的能力以及协调沟通能力		
教学内容	技能点 1. 定额套价 定额子目的套用 技能点 2. 综合单价的计算 综合单价的计算 技能点 3. 分部分项工程项目费用的计算 分部分项工程项目费用的计算 技能点 4. 措施费项目的计算 措施费项目的计算 技能点 5. 其他项目费的计算 其他项目费的计算 技能点 6. 规费项目费的计算 规费项目费的计算 技能点 7. 税金项目费的计算 税金项目费的计算		
教学方法建议	1. 现场教学法 2. 案例教学法 3. 多媒体演示法 4. 角色扮演法 5. 螺旋进度教学法		
教学场所要求	校内实训机房		
考核评价要求	建议根据任务完成计划情况、成果质量、面试等环节确定总评成绩		

单元名称	安装工程算量与计价软件应用	最低学时	20 学时
教学目标	专业能力： 1. 能进行建筑水暖工程软件算量与各项费用计算 2. 能进行建筑电气工程软件算量与各项费用计算 方法能力： 1. 学会应用算量和计价软件 2. 学会解决算量与计价软件应用过程中出现的问题 社会能力： 1. 通过进行算量与计价软件应用及有关问题的处理练习，培养学生的综合运用知识及理论联系实际的能力 2. 划分学习小组，进行角色分配，培养学生发现问题、解决问题的能力以及协调沟通能力		
教学内容	技能点 1. 建筑水暖工程软件算量与各项费用计算 建筑水暖工程软件算量与各项费用的计算 技能点 2. 建筑电气工程软件算量与各项费用计算 建筑电气工程软件算量与各项费用的计算		
教学方法建议	1. 现场教学法 2. 案例教学法 3. 多媒体演示法 4. 角色扮演法 5. 螺旋进度教学法		
教学场所要求	校内实训机房		
考核评价要求	建议根据任务完成计划情况、成果质量、面试等环节确定总评成绩		

单元名称	安装工程预算	最低学时	20 学时
教学目标	专业能力： 1. 能正确完成安装工程量计算 2. 能正确运用安装工程定额 3. 能正确完成安装工程预算工作 方法能力： 1. 具有收集当地工程造价计价文件的能力 2. 学会解决安装工程预算过程中出现的问题 社会能力： 1. 培养学生发现问题、解决问题及协调沟通能力 2. 培养学生的合同意识和法律意识 3. 培养学生的成本控制和企业效益的意识		

单元名称	安装工程预算	最低学时	20 学时
教学内容	技能点 1. 计算安装工程量 根据图纸和工程量计算规则计算建筑安装工程的工程量 技能点 2. 套用预算定额 套用消耗量定额 技能点 3. 分部分项工程费计算及工料分析 分部分项工程费计算及工料分析 技能点 4. 措施项目费计算 措施项目费的计算 技能点 5. 规费、税金及工程造价费用汇总计算 规费、税金及工程造价费用汇总计算		
教学方法建议	1. 讲授法 2. 案例教学法 3. 角色扮演法 4. 螺旋进度教学法		
教学场所要求	校内实训机房		
考核评价要求	建议根据任务完成计划情况、成果质量、面试等环节确定总评成绩		

（8）市政工程造价专业技能单元教学要求

市政工程识图与抄绘技能单元教学要求 表 147

单元名称	市政工程识图与抄绘	最低学时	30 学时
教学目标	专业能力： 1. 能识读市政道路工程、桥涵工程和管网工程的施工图 2. 能手工抄绘市政道路工程、桥涵工程和管网工程的施工图 方法能力： 1. 学会前后对比分析识读市政工程施工图 2. 能够抄绘小型的市政工程施工图 3. 学会解决施工图中出现的问题 社会能力： 1. 通过施工图抄绘及有关问题的处理练习，培养学生的综合运用知识及理论联系实际的能力 2. 划分学习小组，进行角色扮演识读施工图，培养学生发现问题、解决问题的能力以及协调沟通能力		
教学内容	技能点 1. 识读市政道路工程、桥涵工程和管网工程的施工图 掌握市政道路工程施工图的识读、市政桥涵工程施工图的识读、市政管网工程施工图的识读 技能点 2. 能手工抄绘市政道路工程、桥涵工程和管网工程的施工图 掌握市政道路工程施工图的绘制、掌握市政桥涵工程施工图的绘制、掌握市政管网工程施工图的绘制		
教学方法建议	1. 现场教学法 2. 案例教学法 3. 角色扮演法 4. 螺旋进度教学法		
教学场所要求	校内实训基地、校内实训教室		
考核评价要求	建议根据任务完成计划情况、成果质量、面试等环节确定总评成绩		

单元名称	市政工程材料检测	最低学时	10 学时
教学目标	专业能力： 1. 能辨识常见的市政工程材料 2. 能通过检测材料判定材料性能 方法能力： 1. 学会分析施工图中的所使用的各种市政工程材料 2. 学会解决施工图中出现的问题 社会能力： 1. 通过材料检测及有关问题的处理练习，培养学生的综合运用知识及理论联系实际的能力 2. 划分学习小组，进行施工图中材料的分析，培养学生发现问题、解决问题的能力以协调沟通能力		
教学内容	技能点 1. 砂石材料检测 掌握砂石材料检测方法 技能点 2. 石灰和稳定土检测 掌握石灰和稳定土检测方法 技能点 3. 水泥检测 掌握水泥检测方法 技能点 4. 混凝土用量集料检测 掌握混凝土用量集料检测方法 技能点 5. 水泥混凝土试配与检测 掌握水泥混凝土试配与检测方法 技能点 6. 建筑砂浆试配与检测 掌握建筑砂浆试配与检测方法 技能点 7. 沥青材料检测 掌握沥青材料检测方法 技能点 8. 沥青混合料检测 掌握沥青混合料检测方法 技能点 9. 钢筋检测 掌握钢筋检测方法		
教学方法建议	1. 成果归纳法 2. 案例教学法 3. 角色扮演法 4. 螺旋进度教学法		
教学场所要求	校内实训基地、校内实训室、材料实验室		
考核评价要求	1. 建议根据任务完成计划情况、成果质量、面试等环节确定总评成绩 2. 总结成果并展示		

单元名称	市政工程预算	最低学时	60 学时
教学目标	专业能力： 1. 能正确完成市政土石方、道路、桥梁和管道工程量计算 2. 能正确运用市政工程定额 3. 能正确完成市政工程预算工作 方法能力： 1. 学会主动收集当地工程造价计价文件 2. 学会解决建筑工程预算过程中出现的问题 社会能力： 1. 培养学生发现问题、解决问题以及协调沟通能力 2. 培养学生的合同意识和法律意识 3. 培养学生的成本控制和企业效益的意识		
教学内容	技能点 1. 计算市政工程工程量 根据图纸、工程量计算规则计算市政工程工程量 技能点 2. 套用分部分项工程费 掌握套用分部分项工程费 技能点 3. 分部分项工程费计算及工料分析 掌握分部分项工程费计算及工料分析 技能点 4. 措施费计算 掌握措施费计算 技能点 5. 利润、税金及工程造价费用汇总计算 掌握利润、税金及工程造价费用汇总计算		
教学方法建议	1. 讲授法 2. 案例教学法 3. 角色扮演法 4. 螺旋进度教学法		
教学场所要求	校内工程造价实训室、校内实训基地		
考核评价要求	建议根据任务完成计划情况、成果质量、面试等环节确定总评成绩		

单元名称	市政工程工程量清单	最低学时	30 学时
教学目标	专业能力： 1. 能正确完成清单工程量计算 2. 能正确完成分部分项工程量清单、措施项目清单、其他项目清单、规费与税金清单编制 方法能力： 1. 学会主动收集工程量清单编制依据 2. 学会解决工程量清单过程中出现的问题 社会能力： 1. 培养学生协调沟通能力 2. 培养学生的合同意识和法律意识 3. 培养学生的成本控制和企业效益的意识 4. 培养学生的学习能力		

单元名称	市政工程工程量清单	最低学时	30 学时
教学内容	技能点 1. 清单工程量计算 根据图纸、《建设工程工程量清单计价规范》、《市政工程工程量计算规范》等相关资料计算清单工程量 技能点 2. 分部分项工程量清单编制 编制分部分项工程量清单 技能点 3. 措施项目清单编制 根据相关规定与常规施工方案编制措施项目清单 技能点 4. 其他项目清单编制 根据相关规定编制其他项目清单 技能点 5. 规费与税金清单编制 根据相关规定编制规费与税金项目清单		
教学方法建议	1. 讲授法 2. 案例教学法 3. 角色扮演法 4. 螺旋进度教学法		
教学场所要求	校内工程造价实训室、校内实训基地		
考核评价要求	建议根据任务完成计划情况、成果质量、面试等环节确定总评成绩		

市政工程工程量清单计价技能单元教学要求　　　　　　　　表 151

单元名称	市政工程工程量清单计价	最低学时	60 学时
教学目标	专业能力： 1. 能正确完成综合单价计算 2. 能正确完成分部分项工程费、措施项目费、其他项目费、规费、税金计算，并能正确汇总计算工程造价 方法能力： 1. 学会主动收集当地工程造价计价文件 2. 学会解决工程量清单计价过程中出现的问题 社会能力： 1. 培养学生发现问题、解决问题及协调沟通能力 2. 培养学生的合同意识和法律意识 3. 培养学生的成本控制和企业效益的意识 4. 培养学生学习能力		
教学内容	技能点 1. 复核分部分项工程量清单 根据图纸、《市政工程工程量计算规范》等相关资料复核分部分项清单工程量 技能点 2. 综合单价计算 根据图纸、定额、招标文件、《建设工程工程量清单计价规范》等相关资料进行综合单价计算 技能点 3. 分部分项工程项目费计算 分部分项工程项目费计算 技能点 4. 措施项目费计算 根据图纸、施工组织设计、施工技术方案以及相关规定进行措施项目费计算 技能点 5. 其他项目费计算 掌握其他项目费计算 技能点 6. 规费项目费计算 根据相关规定进行规费计算 技能点 7. 税金项目费计算 根据相关规定进行税金计算		

单元名称	市政工程工程量清单计价	最低学时	60 学时
教学方法建议	1. 讲授法 2. 案例教学法 3. 角色扮演法 4. 螺旋进度教学法		
教学场所要求	校内工程造价实训室、校内实训基地		
考核评价要求	建议根据任务完成计划情况、成果质量、面试等环节确定总评成绩		

工程结算技能单元教学要求　　　　　　　　　　　　　　　　表 152

单元名称	工程结算	最低学时	30 学时
教学目标	专业能力： 1. 能根据相关工程竣工资料正确计算变更工程量 2. 能根据相关竣工资料或相关规定正确调整人工费、机械费、材料费、利润与税金 3. 能根据相关竣工资料正确计算工程结算造价 方法能力： 1. 学会主动收集当地工程造价计价文件 2. 学会解决结算工程中出现的问题 社会能力： 1. 培养学生发现问题、解决问题的能力及协调沟通能力 2. 培养学生的合同意识和法律意识 3. 培养学生的成本控制和企业效益的意识		
教学内容	技能 1. 工程量调整计算 按照竣工资料进行工程量调整计算 技能 2. 人工费调整计算 按照相关规定和要求进行人工费调整计算 技能 3. 材料费调整计算 按照相关规定和要求进行材料费调整计算 技能 4. 机械费调整计算 按照相关规定和要求进行机械费调整计算 技能 5. 管理费调整计算 按照相关规定和要求进行管理费调整计算 技能 6. 工程造价调整计算 按照相关规定和要求进行工程造价调整计算		
教学方法建议	1. 讲授法 2. 角色扮演法 3. 螺旋进度教学法		
教学场所要求	校内工程造价实训室、校内实训基地		
考核评价要求	建议根据任务完成计划情况、成果质量、面试等环节确定总评成绩		

市政工程建（翻）模技能单元教学要求 表 153

单元名称	市政工程建（翻）模	最低学时	60 学时
教学目标	专业能力： 1. 能应用 BIM 建（翻）模软件完成市政道路工程翻模 2. 能应用 BIM 建（翻）模软件完成市政桥涵工程翻模 3. 能应用 BIM 建（翻）模软件完成市政管网工程翻模 方法能力： 1. 学会主动收集图集 2. 学会解决软件应用过程中出现的问题 社会能力： 1. 培养学生发现问题、解决问题以及协调沟通能力 2. 培养学生的学习能力 3. 培养学生的学习能力		
教学内容	技能点 1. 市政道路工程建（翻）模 应用软件完成市政道路工程建（翻）模 技能点 2. 市政桥涵工程建（翻）模 应用软件完成市政桥涵工程建（翻）模 技能点 3. 市政管网工程建（翻）模 应用软件完成市政管网工程建（翻）模		
教学方法建议	1. 讲授法 2. 角色扮演法 3. 螺旋进度教学法		
教学场所要求	工程造价软件实训室、工程造价实训室、校内实训基地		
考核评价要求	建议根据任务完成计划情况、成果质量、面试等环节确定总评成绩		

市政工程造价及管理技能单元教学要求 表 154

单元名称	市政工程造价及管理	最低学时	60 学时
教学目标	专业能力： 1. 能应用计量软件完成工程量计算 2. 能应用计价软件完成工程造价计算 3. 能应用管理软件完成工程造价管理 方法能力： 1. 学会主动收集当地工程造价计价文件 2. 学会解决软件应用过程中出现的问题 社会能力： 1. 培养学生发现问题、解决问题及协调沟通能力 2. 培养学生的学习能力		
教学内容	技能点 1. 市政工程工程量计算 运用软件完成市政工程工程量计算，完成工程量清单编制 技能点 2. 工程量清单计价书编制 运用软件完成工程量清单计价书编制 技能点 3.5D 管理应用 运用软件完成项目的 5D 管理		

单元名称	市政工程造价及管理	最低学时	60 学时
教学方法建议	1. 讲授法 2. 角色扮演法 3. 螺旋进度教学法		
教学场所要求	校内工程造价软件实训室、工程造价实训室、校内实训基地		
考核评价要求	建议根据任务完成计划情况、成果质量、面试等环节确定总评成绩		

市政工程造价文件编制技能单元教学要求　　　　　　　　表 155

单元名称	市政工程造价文件编制	最低学时	240 学时
教学目标	专业能力： 1. 能熟练手工计算工程量、编制工程预算 2. 能熟练手工编制工程量清单、投标计价书 3. 能熟练运用软件建（翻）模 4. 能熟练运用软件计算工程量、编制工程预算 5. 能熟练运用软件编制工程量清单、投标计价书 方法能力： 1. 学会主动收集计算工程量所需的各种资料 2. 通过角色扮演教学，学会解决工程量计算中出现的问题 社会能力： 1. 通过具体工程项目造价综合训练，培养学生的综合运用知识及理论联系实践的能力 2. 培养学生发现问题、解决问题的能力 3. 培养团队协作能力、沟通交流能力 4. 培养学生的学习能力		
教学内容	技能点 1. 职业能力分析 正确进行职业能力分析 技能点 2. 工作内容分析 正确进行工作内容分析 技能点 3. 综合实训指导 正确并熟练手工、软件计算市政工程的工程造价（运用定额与清单两种计价方式） 正确并熟练手工、软件计算市政工程的工程结算造价		
教学方法建议	1. 小组讨论法 2. 角色扮演法 3. 螺旋进度教学法 4. 成果归纳法		
教学场所要求	校内工程造价软件实训室、工程造价实训室、校内实训基地		
考核评价要求	1. 考核完成计划情况、成果质量 2. 通过面试考核学生操作过程中处理问题的能力 3. 通过学生书面总结考查学生学习收获		

（9）园林工程造价专业技能单元教学要求

园林工程图识读技能单元教学要求　　表 156

单元名称	园林工程图识读	最低学时	20 学时
教学目标	专业能力： 1. 能识读园林土石方工程、园路园桥及铺装工程、园林景观工程的施工图 2. 能手工绘制园林土石方工程、园路园桥及铺装工程、园林景观工程的施工图 方法能力： 1. 学会前后对比分析园林工程施工图 2. 学会绘制小型园林工程施工图 3. 学会解决施工图中出现的问题 社会能力： 1. 通过具体抄绘园林工程施工图及有关问题的处理，培养学生的综合运用知识及理论联系实践的能力 2. 培养学生发现问题，解决问题的能力 3. 培养团队协作能力，沟通交流能力 4. 培养学生的学习能力		
教学内容	技能点 1. 识读园林土石方工程施工图 掌握园林土石方工程施工图的识读 技能点 2. 识读园林种植工程施工图 掌握园林种植工程施工图识读 技能点 3. 识读园路园桥及铺装工程施工图 掌握园路园桥及铺装工程施工图的识读 技能点 4. 识读园林景观工程的施工图 掌握园林景观工程施工图的识读		
教学方法建议	1. 案例教学法 2. 项目教学法 3. 现场教学		
教学场地要求	校内实训室		
教学评价要求	根据任务完成情况，成果质量理论知识考试等多种方法结合进行考核评价		

园林工程材料识别技能单元教学要求　　表 157

单元名称	园林工程材料识别	最低学时	10 学时
教学目标	专业能力： 1. 能够辨识常用的园林工程材料 2. 了解材料使用性能，并能进行材料检测 方法能力： 1. 学会分析对比园林工程施工中各种工程材料 2. 学会解决工程材料施工中出现的问题 社会能力： 1. 通过材料鉴别及有关问题的处理，培养学生综合运用知识及理论联系实际的能力 2. 培养学生发现问题，解决问题的能力 3. 培养团队协作能力，沟通交流能力 4. 培养学生的学习能力		

单元名称	园林工程材料识别	最低学时	10 学时
教学内容	技能点 1. 园林土石方工程材料识别 掌握园林土石方工程材料的识别与检测 技能点 2. 园林种植工程材料识别 掌握种植工程材料识别与检测 技能点 3. 园路园桥及铺装工程材料识别 掌握园路工程材料识别与检测、掌握园桥工程材料识别与检测、掌握铺装工程材料的识别与检测 技能点 4. 园林景观工程材料识别 掌握景观亭工程材料识别、掌握景观廊架工程材料识别、掌握水景工程材料识别、掌握五色草立体景观工程材料识别、掌握景观小品工程材料识别		
教学方法建议	1. 案例教学法 2. 项目教学法 3. 现场教学		
教学场地要求	校内实训室、材料实验室		
教学评价要求	根据任务完成情况、成果质量、理论知识考试等多种方法结合进行考核评价		

园林种植工程计价技能单元教学要求　　　　　　　　　　　　　表 158

单元名称	园林种植工程计价	最低学时	10 学时
教学目标	专业能力： 1. 能够完成乔木、灌木、草坪及地被、花卉、水生、攀援植物工程量计算 2. 能够运用园林绿化工程计价定额 3. 能够完成种植工程计价 方法能力： 1. 学会收集当地工程造价计价文件、造价信息 2. 学会解决种植工程预算中出现的问题 社会能力： 1. 培养学生发现问题，解决问题的能力 2. 培养团队协作能力，沟通交流能力 3. 培养学生的学习能力		
教学内容	技能点 1. 计算种植工程工程量 根据施工图纸、工程量计算规则计算种植工程工程量 技能点 2. 套用计价定额 掌握套用计价定额 技能点 3. 分部分项工程费计算 掌握分部分项工程费计算及工料分析 技能点 4. 措施项目费计算 掌握措施项目费计算 技能点 5. 规费税金及工程造价费用汇总计算 掌握规费税金及工程造价费用汇总计算		
教学方法建议	1. 案例教学法 2. 项目教学法 3. 现场教学		
教学场地要求	校内工程造价校内实训基地		
教学评价要求	根据任务完成计划、成果质量等多种方法结合进行考核评价		

单元名称	园林道路工程计价	最低学时	20 学时
教学目标	专业能力： 1. 能够完成工程量计算 2. 能够运用园林绿化工程计价定额及市政工程计价定额 3. 能够完成道路工程计价 方法能力： 1. 学会收集当地工程造价计价文件、造价信息 2. 学会解决园林道路工程预算中出现的问题 社会能力： 1. 培养学生发现问题，解决问题的能力 2. 培养团队协作能力，沟通交流能力 3. 培养学生的学习能力		
教学内容	技能点 1. 计算园林道路工程工程量 根据施工图纸、工程量计算规则计算园林道路工程工程量 技能点 2. 套用计价定额 掌握套用计价定额 技能点 3. 分部分项工程费计算 掌握分部分项工程费计算及工料分析 技能点 4. 措施项目费计算 掌握措施项目费计算 技能点 5. 规费税金及工程造价费用汇总计算 掌握规费税金及工程造价费用汇总计算		
教学方法建议	1. 案例教学法 2. 项目教学法 3. 现场教学		
教学场地要求	校内工程造价实训基地		
教学评价要求	根据任务完成情况、成果质量、理论知识考试等多种方法结合进行考核评价		

园林景观工程计价技能单元教学要求　　　表 160

单元名称	园林景观工程计价	最低学时	40 学时
教学目标	专业能力： 1. 能够完成工程量计算 2. 能够运用园林绿化工程计价定额、市政工程计价定额、建筑工程定额、装饰工程定额 3. 能够完成道路工程计价 方法能力： 1. 学会收集当地工程造价计价文件、造价信息 2. 学会解决园林景观工程预算中出现的问题 社会能力： 1. 培养学生发现问题，解决问题的能力 2. 培养团队协作能力，沟通交流能力 3. 培养学生的学习能力		

单元名称	园林景观工程计价	最低学时	40 学时
教学内容	技能点 1. 计算景观工程工程量 根据施工图纸、工程量计算规则计算景观工程工程量 技能点 2. 套用计价定额 掌握套用计价定额 技能点 3. 分部分项工程费计算 掌握分部分项工程费计算及工料分析 技能点 4. 措施项目费计算 掌握措施项目费计算 技能点 5. 规费、税金及工程造价费用汇总计算 掌握规费、税金及工程造价费用汇总计算		
教学方法建议	1. 案例教学法 2. 项目教学法 3. 现场教学		
教学场地要求	校内工程造价实训基地		
教学评价要求	现场园林工程施工图预算、理论知识考试等多种方法结合进行考核评价		

园林工程工程量清单编制技能单元教学要求 表 161

单元名称	园林工程工程量清单编制	最低学时	30 学时
教学目标	专业能力： 1. 能够正确完成清单工程量计算 2. 能够完成分部分项工程量清单、措施项目清单、其他项目清单、规费与税金清单编制 方法能力： 1. 学会收集工程量清单编制依据 2. 学会解决工程量清单编制中出现的问题 社会能力： 1. 培养学生发现问题，解决问题的能力 2. 培养团队协作能力，沟通交流能力 3. 培养学生的学习能力		
教学内容	技能点 1. 清单工程量计算 根据图纸、《建设工程工程量清单计价规范》《园林绿化工程工程量计算规范》等相关资料计算清单工程量 技能点 2. 分部分项工程量清单编制 掌握分部分项工程量清单编制 技能点 3. 措施项目清单编制 掌握措施项目清单编制 技能点 4. 其他项目清单编制 掌握其他项目清单编制 技能点 5. 规费、税金清单编制 掌握规费、税金清单编制		

单元名称	园林工程工程量清单编制	最低学时	30 学时
教学方法建议	1. 案例教学法 2. 项目教学法 3. 现场教学		
教学场地要求	校内工程造价实训基地		
教学评价要求	根据任务完成情况、质量成果、理论知识考试等多种方法结合进行考核评价		

园林工程工程量清单报价书技能单元教学要求 表 162

单元名称	园林工程工程量清单 报价书编制	最低学时	30 学时
教学目标	专业能力： 1. 能够正确完成工程量清单复核、综合单价计算 2. 能够正确完成分部分项工程费清单、措施项目费、其他项目费、规费与税金计算、能够正确汇总计算工程造价 方法能力： 1. 学会收集当地工程造价计价文件、造价信息 2. 学会解决工程量清单计价过程中出现的问题 社会能力： 1. 培养学生发现问题，解决问题的能力 2. 培养团队协作能力，沟通交流能力 3. 培养学生的学习能力		
教学内容	技能点 1. 分部分项工程量清单复核 根据图纸、《建设工程工程量清单计价规范》《园林绿化工程工程量计算规范》等相关资料复核清单工程量 技能点 2. 综合单价计算 根据图纸、《建设工程工程量清单计价规范》《园林绿化工程工程量计算规范》等相关资料进行综合单价计算 技能点 3. 分部分项工程项目费计算 掌握分部分项工程项目费计算 技能点 4. 措施项目费计算 掌握措施项目费计算 技能点 5. 其他项目费计算 掌握其他项目费计算 技能点 6. 规费、税金计算 掌握规费、税金计算		
教学方法建议	1. 案例教学法 2. 项目教学法 3. 现场教学		
教学场地要求	校内工程造价实训基地		
教学评价要求	根据任务完成情况、质量成果、理论知识考试等多种方法结合进行考核评价		

园林工程结算技能单元教学要求

表 163

单元名称	园林工程结算	最低学时	30 学时
教学目标	专业能力： 1. 能够根据相关工程竣工资料、施工合同等正确计算变更工程量 2. 能够根据相关竣工资料或文件正确调整人工费及价差、机械费及价差、材料费及价差、利润与税金 方法能力： 1. 学会收集当地工程造价计价文件、造价信息 2. 学会解决园林工程结算过程中出现的问题 社会能力： 1. 培养学生发现问题，解决问题的能力 2. 培养团队协作能力，沟通交流能力 3. 培养学生的学习能力		
教学内容	技能点 1. 工程量调整计算 根据相关工程竣工资料调整工程量 技能点 2. 人工费调整计算 根据相关工程竣工资料进行材料费调整计算 技能点 3. 材料费调整计算 根据相关工程竣工资料进行材料费调整计算 技能点 4. 机械台班费调整计算 根据相关工程竣工资料进行机械台班费调整计算 技能点 5. 管理费调整计算 根据相关工程竣工资料进行管理费调整计算 技能点 6. 工程造价调整计算 根据相关工程竣工资料进行工程造价调整计算		
教学方法建议	1. 案例教学法 2. 项目教学法 3. 现场教学		
教学场地要求	校内工程造价实训基地		
教学评价要求	根据任务完成情况、质量成果、理论知识考试等多种方法结合进行考核评价		

园林计价软件应用技能单元教学要求

表 164

单元名称	园林计价软件应用	最低学时	30 学时
教学目标	专业能力： 1. 能够正确使用计价软件 2. 能够应用计价软件调整工程造价 方法能力： 1. 学会收集当地工程造价计价文件、造价信息 2. 学会解决计价软件使用过程中出现的问题 社会能力： 1. 培养学生发现问题，解决问题的能力 2. 培养团队协作能力，沟通交流能力 3. 培养学生的学习能力		

单元名称	园林计价软件应用	最低学时	30 学时
教学内容	技能点 1. 计价软件操作 根据相关使用说明正确操作计价软件 技能点 2. 工程量清单报价书编制 能够应用计价软件编制计算分部分项工程费清单、措施项目费、其他项目费、规费与税金计算、能够正确汇总计算工程造价		
教学方法建议	1. 案例教学法 2. 项目教学法 3. 现场教学		
教学场地要求	校内工程造价实训基地		
教学评价要求	根据任务完成情况、质量成果、理论知识考试等多种方法结合进行考核评价		

园林工程造价综合训练技能单元教学要求　　　　　　　　表 165

单元名称	园林工程造价综合训练	最低学时	120 学时
教学目标	专业能力： 1. 能熟练手工计算工程量，编制工程预算 2. 能熟练手工编制工程量清单、投标报价书 3. 能熟练运用软件计算工程量，编制工程预算 4. 能熟练运用软件编制工程量清单、投标报价书 方法能力： 1. 培养主动收集计算工程量所需的各种资料的能力 2. 学会角色扮演解决工程量计算中出现的问题 社会能力： 1. 通过具体工程项目造价综合的训练，培养学生的综合运用知识及理论联系实践的能力 2. 培养学生发现问题，解决问题的能力 3. 培养团队协作能力，沟通交流能力 4. 培养学生的学习能力		
教学内容	技能点 1. 职业能力分析 正确进行职业能力分析 技能点 2. 工作内容分析 正确进行工作内容分析 技能点 3. 居住区园林工程工程量计算 正确计算居住区土方工程量、种植工程量、园路工程量、景观工程量 技能点 4. 工程量清单编制 正确进行分部分项工程量清单编制、措施项目清单编制、其他项目清单编制、规费和税金项目清单编制 技能点 5. 工程造价计算 正确并熟练手工，软件进行居住区报价书计算编制 技能点 6. 综合实训指导 正确并熟练手工，软件计算建筑面积 4000m² 左右常见的园林工程造价（运用清单计价方式） 正确并熟练手工，软件计算建筑面积 10000m² 左右常见的园林工程造价（运用清单计价方式） 正确并熟练手工，软件计算建筑面积 20000m² 左右常见的园林工程造价（运用清单计价方式） 正确并熟练手工，软件计算建筑面积 100000m² 左右常见的园林工程工程造价（运用清单计价方式）		

单元名称	园林工程造价综合训练	最低学时	120 学时
教学方法建议	1. 案例教学法 2. 项目教学法 3. 现场教学		
教学场地要求	校内工程造价实训基地		
教学评价要求	根据任务完成情况、质量成果、理论知识考试等多种方法结合进行考核评价		

9 专业办学基本条件和教学建议

9.1 专业教学团队

9.1.1 专业带头人

工程造价教学 10 年以上且工程造价实践 5 年以上，具有副高及以上职称。

专业带头人能把握专业发展方向，能够承担专业建设规划、人才培养方案设计、课程标准建设等教学改革关键任务。

9.1.2 师资数量

全校生师比 18：1，专业老师生师比为 25：1，主要专任专业教师不少于 5 人。

9.1.3 师资水平及结构

师资队伍应有副教授以上的专业教师 2 人，讲师 3 人，助教 2 人，实训教师 2 人。所学专业是工程造价或类似专业的教师要达到 50% 及以上。具有工程造价执业资格的双师素质教师达 30% 及以上。

企业兼职教师 6 人，50 岁以内，本科学历，中级职称及以上，主要承担不少于 35% 工程造价专业课和实训课的教学任务。任职资格是造价工程师或工程造价工作经历 10 年以上，高级职称不少于 30%。

9.2 教学设施

9.2.1 校内实训条件

1. 建筑工程造价专业校内实训条件

建筑工程造价专业校内实训条件要求　　　　表 166

序号	实践教学项目	主要设备、设施名称及数量	校内实训室 （场地）面积	备注（均为校内完成）
1	房屋测绘	建筑施工图、钢卷尺或皮尺 10 件	不小于 100m²	必做，校内完成

序号	实践教学项目		主要设备、设施名称及数量	校内实训室（场地）面积	备注（均为校内完成）
2	建筑材料检测实训	水泥检测	负压筛析仪 2 台；水泥净浆搅拌机 2 台；标准法维卡仪 8 台；沸煮箱 2 台；湿气养护箱 1 台；行星式胶砂搅拌机 2 台；水泥胶砂振实台 2 台；水泥抗折强度试验机 2 台；水泥抗压强度试验机 2 台	不小于 80m²	必做，校内完成
		混凝土用集料检测实训	砂石方孔筛 8 套；鼓风烘箱 1 台；摇筛机 2 台	不小于 80m²	
		混凝土试配与检测	坍落度筒及其捣棒 8 套；混凝土试模 8 组；混凝土恒温恒湿养护箱 1 台；压力试验机 1 台	室外场地不小于 200m²；混凝土养护实训室不小于 50m²；强度检测利用学院力学实训室	
		钢筋检测	万能材料试验机 1 台	利用学院力学实训室进行检测	
		墙体材料检测	压力试验机 1 台	利用学院力学实训室进行检测	
3	建筑工程预算编制		建筑施工图、结构施工图，共 50 套	不小于 70m²	必做，校内完成
4	装饰工程预算编制		建筑施工图、结构施工图，共 50 套	不小于 70m²	必做，校内完成
5	工程量清单编制		建筑施工图、结构施工图、设备安装施工图，共 50 套	不小于 70m²	必做，校内完成
6	工程量清单报价编制		建筑施工图、结构施工图、设备安装施工图，共 50 套	不小于 70m²	必做，校内完成
7	工程结算编制		建筑施工图、结构施工图、设备安装施工图、设计变更、签证等，共 50 套	不小于 70m²	必做，校内完成
8	造价计量、计价软件应用		建筑施工图、结构施工图、给水排水施工图、强弱电施工图，共 50 套，计算机 50 台，工程造价软件（网络版）1 套	不小于 100m²	必做，校内完成
9	工程造价综合实训		建筑施工图、结构施工图、给水排水施工图、强弱电施工图、设计变更、签证等，共 50 套	不小于 100m²	必做，校内完成

序号	实践教学项目	主要设备、设施名称及数量	校内实训室（场地）面积	备注（均为校内完成）
10	复杂工程的工程量清单与清单报价编制	建筑施工图、结构施工图、给水排水施工图、强弱电施工图，建筑面积不小于5000m²，共50套，计算机50台，工程造价软件（网络版）1套	不小于100m²	选做，校内完成
11	复杂工程的工程结算书的编制	建筑施工图、结构施工图、给水排水施工图、强弱电施工图、设计变更、签证等，建筑面积不小于5000m²，共50套，计算机50台，工程造价软件（网络版）1套	不小于100m²	选做，校内完成
12	招标投标文件编制实训	建筑施工图、结构施工图、给水排水施工图、强弱电施工图，共50套，计算机50台，工程管理软件（网络版）1套	不小于100m²	选做，校内完成
13	建设工程技术资料编制实训	建筑施工图、结构施工图、给水排水施工图、强弱电施工图，共50套，计算机50台，资料管理软件（网络版）1套	不小于100m²	选做，校内完成

注：表中实训设备及场地按一个教学班同时训练计算。

2. 安装工程造价专业校内实训条件

安装工程造价专业校内实训条件要求   表167

序号	实践教学项目	主要设备、设施名称及数量	校内实训室（场地）面积	备注
1	认识实习	建筑施工图、建筑施工模型	不小于500m²	必做，校内完成
2	建筑工程预算编制	建筑施工图、结构施工图，共60套	不小于100m²	必做，校内完成
3	装饰工程预算编制	建筑施工图、结构施工图，共60套	不小于100m²	必做，校内完成
4	水电安装工程预算编制	建筑施工图、结构施工图、设备安装施工图，共60套	不小于100m²	必做，校内完成
5	工程量清单报价编制	建筑施工图、结构施工图、设备安装施工图，共60套	不小于100m²	必做，校内完成
6	工程结算编制	建筑施工图、结构施工图、设备安装施工图、设计变更、签证等，共60套	不小于100m²	必做，校内完成

序号	实践教学项目	主要设备、设施名称及数量	校内实训室 （场地）面积	备注
7	造价计量、计价软件应用	建筑施工图、结构施工图、设备安装施工图，共 60 套；计算机 60 台，工程造价软件（网络版）1 套	不小于 100m²	必做，校内完成
8	工程造价综合实训	建筑施工图、结构施工图、水电安装施工图、设计变更、签证等，共60 套	不小于 100m²	必做，校内完成
9	复杂工程的工程量清单与清单报价编制（选做）	建筑施工图、结构施工图、水电安装施工图，共 60 套；计算机 60 台，工程造价软件（网络版）1 套	不小于 100m²	必做，校内完成
10	复杂工程的工程结算书的编制	建筑施工图、结构施工图、水电安装施工图、设计变更、签证等，共60 套；计算机 60 台，工程造价软件（网络版）1 套	不小于 100m²	选做，校内完成
11	招标投标文件编制实训	建筑施工图、结构施工图、水电安装施工图，共 60 套；计算机 60 台，工程管理软件（网络版）1 套	不小于 100m²	选做，校内完成
12	建设工程技术资料编制实训	建筑施工图、结构施工图、水电安装施工图，共 60 套；计算机 60 台，资料管理软件（网络版）1 套	不小于 100m²	选做，校内完成

注：表中实训设备及场地按一个教学班同时训练计算。

3. 市政工程造价专业校内实训条件

市政工程造价专业校内实训条件要求　　　　　　　表 168

序号	实践教学项目	主要设备、设施名称及数量	校内实训室 （场地）面积	备注（均为校内 完成）
1	市政工程识图与绘制	市政道路工程施工图、市政桥梁工程施工图、市政管道工程施工图各 50 套	不小于 70m²	必做，校内完成

序号	实践教学项目		主要设备、设施名称及数量	校内实训室（场地）面积	备注（均为校内完成）
2	市政工程材料检测	砂石材料检测	试件加工设备2套、天平8个、烘箱2个、游标卡尺8个、石蜡及熔蜡设备8套、压力试验机2台、干燥器2个、台秤8个、标准筛8套、摇筛机2台、振动台2台、压力机2台	不小于80m²	必做，校内完成
		石灰和稳定土检测	筛子8个、烘箱2台、干燥器2台、称量瓶8个、分析天平8台、架盘天平8台、电炉（1500W）2个、滴定台及滴定管夹各8套、圆孔筛8个	不小于80m²	
		水泥检测	负压筛析仪2台；水泥净浆搅拌机2台；标准法维卡仪8台；沸煮箱2台；湿气养护箱1台；行星式胶砂搅拌机2台；水泥胶砂振实台2台；水泥抗折强度试验机2台；水泥抗压强度试验机2台	不小于80m²	
		混凝土用量集料检测	砂石方孔筛8套；鼓风烘箱1台；摇筛机2台	不小于80m²	
		水泥混凝土试配与检测	坍落度筒及其捣棒8套；混凝土试模8组；混凝土恒温恒湿养护箱1台；压力试验机1台	室外场地不小于200m²；混凝土养护实训室不小于50m²；强度检测利用学院力学实训室	
		建筑砂浆检测	砂浆稠度测定仪2台、分层度测定仪2台、压力试验机1台	不小于80m²	
		沥青材料检测	针入度测定仪1台、标准针、沥青延度仪1台、模具2套、软化点试验仪1台、弗拉斯脆点仪2台、道路沥青标准黏度计2台、恒温水箱1个	不小于80m²	
		沥青混合料检测	标准击实仪1台、标准击实台1个、实验室用沥青混合料拌合机1台、脱模器1台、沥青混合料马歇尔试验仪1台、车辙试验机1台、离心抽提仪1台	不小于80m²，室外场地不小于200m²	
		钢筋检测	万能材料试验机1台、钢筋打点机1台、游标卡尺8个	利用学院力学实训室进行检测	

序号	实践教学项目	主要设备、设施名称及数量	校内实训室（场地）面积	备注（均为校内完成）
3	市政工程预算编制	市政道路工程施工图、市政桥涵工程施工图，市政管道工程施工图各50套	不小于70m²	必做，校内完成
4	市政工程工程量清单与报价编制	市政道路工程施工图、市政桥涵工程施工图，市政管道工程施工图各50套	不小于70m²	必做，校内完成
5	市政工程结算编制	市政道路工程施工图、市政桥涵工程施工图，市政管道工程施工图、设计变更、现场签证各50套	不小于70m²	必做，校内完成
6	市政工程BIM建（翻）模软件应用	市政道路工程施工图、市政桥涵工程施工图，市政管道工程施工图各50套；计算机50台，市政工程建（翻）模软件（网络版）1套	不小于100m²	必做，校内完成
7	市政工程BIM造价软件应用	市政道路工程施工图、市政桥涵工程施工图，市政管道工程施工图各50套；共50套，计算机50台，市政工程造价软件（网络版）1套	不小于100m²	必做，校内完成
8	市政工程造价综合实训	市政道路工程施工图、市政桥涵工程施工图、市政管道工程施工图、招标文件、设计变更、现场签证等，各50套；计算机50台，市政工程建（翻）模软件（网络版）1套，市政工程造价软件（网络版）1套	不小于100m²	必做，校内完成
9	水电安装工程识图实训	给水工程施工图、排水工程施工图、强电工程施工图、弱电工程施工图各50套	不小于70m²	选做，校内完成
10	水电安装工程量清单计价实训	给水工程施工图、排水工程施工图、强电工程施工图、弱电工程施工图各50套	不小于70m²	选做，校内完成
11	市政工程招标投标文件编制	市政道路工程施工图、市政桥涵工程施工图，市政管道工程施工图各50套；计算机50台，工程管理软件（网络版）1套	不小于100m²	拓展，校内完成

序号	实践教学项目	主要设备、设施名称及数量	校内实训室（场地）面积	备注（均为校内完成）
12	市政工程钢筋工程量计算实训	市政道路工程施工图、市政桥涵工程施工图、市政管道工程施工图各50套	不小于70m²	拓展，校内完成
13	市政工程测量	光学经纬仪10套、微倾式水准仪4套、精密水准仪3套、自动安平水准仪10套、精密水准尺3对、双面水准尺10对、全站仪5套	不小于200m²	拓展，校内完成

注：表中实训设备及场地按一个教学班同时训练计算。

4. 园林工程造价专业校内实训条件

园林工程造价专业校内实训条件要求　　　　　　　　表169

序号	实训项目	主要设备、设施名称及数量	实训室（场地）面积	备注（均为校内完成）
1	园林植物识别实训	园林植物标本园	不小于5000m²	校内完成
2	园林测量实训	水准仪、经纬仪量具（40套）	不小于1000m²	校内完成
3	园林工程施工实训	水准仪、经纬仪、石材、道板（40套）	不小于200m²	校内完成
4	园林设计实训	绘图工具、计算机（40套）	不小于300m²	校内完成
5	园林工程造价与招标投标实训	图纸（40套）	不小于100m²	校内完成
6	园林工程造价专业综合实训	图纸（60套）	不小于100m²	校内完成

9.2.2　校外实训基地的基本要求

当满足200个学生半年以上工程造价顶岗实习时，应建立30个及以上施工企业（二级及以上资质）、工程造价咨询企业的校外实训基地。制定较完善的校外顶岗实习管理制度、管理方法、指导方案。每个基地至少配2个企业兼职指导教师。

1. 建筑工程造价专业校外实训基地的基本要求

建筑工程造价专业校外实训基地的基本要求　　　　　　　　表170

序号	实践教学项目	对外实训基地要求	备注
1	建筑工程预算编制	二级及以上资质国有或私营施工、造价咨询企业	30个及以上企业；每2个学生配1个企业指导老师
2	建筑装饰工程预算编制		
3	工程量清单报价编制		
4	工程结算编制		

2. 安装工程造价专业校外实训基地的基本要求

当满足 200 个学生半年以上工程造价顶岗实习时，应建立 30 个及以上施工企业（二级及以上资质）、工程造价咨询企业的校外实训基地。制定较完善的校外顶岗实习管理制度、管理方法、指导方案。每个基地至少配 2 个企业兼职指导教师。

校外实训基地的基本要求　　　　　　　　　　　　　　　　表 171

序号	实践教学项目	对校外实训基地的要求	备注
1	编制施工图预算	1. 施工企业二级及以上资质	按一个教学班 50 人在 3 周时间内同时顶岗实习计算
2	编制工程量清单	2. 满足 50 人同时顶岗实习	
3	编制清单报价	3. 制定较完善的校外顶岗实习管理制度、管理方法、指导方案	
4	编制工程结算	4. 每个基地至少配 2 个企业兼职指导教师	

3. 市政工程造价专业校外实训基地的基本要求

当满足 200 个学生半年以上工程造价顶岗实习时，应建立 30 个及以上施工企业（二级及以上资质）、工程造价咨询企业的校外实训基地。制定较完善的校外顶岗实习管理制度、管理方法、指导方案。每个基地至少配 2 个企业兼职指导教师。

校外实训基地基本要求　　　　　　　　　　　　　　　　　表 172

序号	实践教学项目	对校外实训基地的要求	备注
1	市政工程造价	企业应当具有相应的资质，有正在进行的市政工程项目，能够提供市政工程造价实践的场地和资料，及合格的指导老师，相应的指导方案和安全保障等	

4. 园林工程造价专业校外实训基地的基本要求

无。

9.2.3 信息网络教学条件

有供上网查阅有关工程造价专业资料、信息和上多媒体课的计算机和网络设备。

9.3 教材及图书、数字化（网络）资料等学习资源

9.3.1 教材

优先选用教育部高职规划教材和国家精品课程的教材。

9.3.2 图书及数字化资料

图书生均 80 册。应有工程造价专业和相关专业的杂志、专业图书、本科教材的学习资料。建立工程造价专业教学资源库。

9.4 教学方法、手段与教学组织形式建议

"学生是学习的主体"，教学以学生为中心，根据学生的特点，在教学内容、教学方

法、教学手段等方面充分激发学生的学习兴趣，并调动他们的学习积极性。

建议采用通过实践证明切实有效的适合工程造价专业教学的"螺旋进度教学法"和"案例教学法"组织教学。

建议采用工学结合的课堂教学形式和现场教学形式，引导学生在"做中学、学中做"，不断提高学生的动手能力和专业技能。

9.5　教学评价、考核建议

建立学习效果的评价方法和体系。方法和体系建立的重点要反映"真实、有效、简便、系统"的原则。

真实是强调不弄虚作假；有效是要求收到好的效果；简便是指方便应用，成本低；系统是指设计好评价程序、评价用方法、评价用表格、评价数据处理方法，在校内、校外、理论学习、实践训练、学习态度、组织纪律、团队意识等方面，全面反应学生的综合素质。

要充分听取兼职教师在校内实训阶段、校外顶岗实习阶段对学生的评价意见，并将其作为评价学生综合素质的重要依据。

9.6　教学管理

9.6.1　规范学分制的教学实施计划管理

每年的学分制教学实施计划要按规定的程序完成。要发挥专业带头人在专业建设中的作用，系主任要审阅全部文件，教学主管院长要把好办学方向关，建立教学管理的督导机制。

9.6.2　规范考试、考核程序

考试（考核）的出题、审题、阅卷要有规范的程序，要有事故处理办法。有条件的学校可以建立试题库，由计算机系统抽取试卷。

9.6.3　规范教材管理

要规范教材选用办法，由专业带头人提出建议，教学主任确定，教务处认定。

9.6.4　规范教研活动

教研活动要有计划、有记录、有成果，要定期检查和评价。要体现教研活动的基础性、实践性、有效性。

9.6.5　规范日常教学管理

要有完整的日常教学管理规定。通过教学日常管理维持教学秩序，保证教学活动正常进行。

9.6.6　规范学籍管理

通过学籍管理，正确反映学生的在校状况，按学籍管理规定及时提出处理学籍的建议和意见。

9.6.7 规范教学档案管理

要建立教学档案管理室，通过专人管理来实现教学全过程的档案管理，为提高教学质量打好基础。

10 继续学习深造建议

10.1 继续学习的渠道

（1）本科院校举办的函授工程造价、工程管理专业学习。

（2）国家本科自学考试工程造价、工程管理专业学习。

（3）普通高等教育工程造价、工程管理专业专升本学习。

（4）工程造价、工程管理专业研究生学习。

10.2 国家执业资格考试

（1）全国注册造价工程师执业资格考试。

（2）全国注册资产评估师执业资格考试。

附录 1

工程造价专业教学基本要求实施示例

1 构建建筑工程造价专业课程体系的架构与说明

通过工程造价职业岗位工作内容的分析构建专业教学内容。

第一步，造价员岗位工作内容分析；

第二步，造价员岗位关键工作（技能）分析；

第三步，造价员岗位关键知识分析；

第四步，造价员岗位相关知识分析；

第五步，造价员岗位拓展知识分析。

通过工程造价岗位工作内容分析构建专业教学内容体系的过程见附表 1-1（不包文化基础知识）。

建筑工程造价专业教学内容体系分析表

造价员岗位工作内容	设计概算	施工图预算	工程量清单报价	工程结算
关键工作（技能）	1. 概算指标编制概算 2. 概算定额编制概算 3. 概算工程量计算 4. 类似预算编制概算	1. 定额工程量计算 2. 预算定额使用 3. 工料分析与汇总 4. 直接费计算	1. 清单工程量计算 2. 定额工程量计算 3. 综合单价编制 4. 清单报价费用计算	1. 签证工程量计算 2. 索赔费用计算 3. 结算造价计算 4. 工程结算谈判
关键知识	1. 识图与构造 2. 建筑材料 3. 施工工艺 4. 概算原理 5. 概算编制方法 6. 概算BIM软件	1. 识图与构造 2. 建筑材料 3. 施工工艺 4. 预算原理 5. 预算编制方法 6. 施工图预算造价BIM软件	1. 识图与构造 2. 建筑材料 3. 施工工艺 4. 清单计价原理 5. 清单报价编制方法 6. 清单报价BIM软件	1. 识图与构造 2. 建筑材料 3. 施工工艺 4. 结算原理 5. 结算编制方法 6. 结算BIM软件
相关知识	1. 工程招标投标与合同管理　　2. 建筑经济　　3. 建筑工程项目管理　　4. 定额编制方法			
拓展知识	1. 建筑 CAD　　2. 统计基础　　3. 国学			
实训环节	1. 房屋测绘实训　　2. 工程量计算实训　　3. 施工图预算实训　　4. 清单报价实训　　5. 工程结算实训 工程造价综合实训 工程造价顶岗实习			
主干课程	1. 建筑与装饰材料　　2. 建筑识图与构造　　3. 建筑施工工艺　　4. 建筑结构基础　　5. 工程造价概论　　6. 建筑工程概论　　7. 装饰工程预算　　8. 工程量清单计价　　9. 工程结算　　10. 造价软件应用　　11. 工程经济　　12. 建筑工程项目管理　　13. 钢筋工程量计算　　14. BIM 概论　　15. Revit 基础　　16. BIM 工程量计算　　17. BIM 造价计算			
核心课程	1. 工程造价原理　　2. 建筑工程预算　　3. 装饰工程预算　　4. 工程量清单预算　　5. 工程结算			

2 工程造价专业平台核心课程简介

课程名称	工程造价原理	50 学时	理论 40 学时 实践 10 学时
教学目标	专业能力： 1. 掌握工程造价基本原理 2. 熟悉工程造价计价方式 3. 熟练编制工程单价 方法能力： 1. 建筑安装工程费用构成与造价计算程序设计方法 2. 定额编制方法、工程造价计价方式与方法 社会能力： 1. 培养学生学习能力 2. 培养学生的成本控制和企业效益的意识		
教学内容	单元 1. 工程造价计价方式简介 知识点：工程造价计价方式的概念、我国工程造价的主要计价方式 技能点：辨识我国主要计价方式 单元 2. 工程造价计价原理 知识点：建筑产品的特性，工程造价计价基本理论 技能点：工程造价计算模型的确定 单元 3. 工程单价 知识点：人工单价、材料单价、机械台班单价 技能点：编制人工单价、材料单价、机械台班单价 单元 4. 建筑工程定额 知识点：概算定额和概算指标、预算定额的构成与内容 技能点：应用预算定额 单元 5. 定额计价方式 知识点：建设项目投资估算、设计概算、施工预算、工程结算、竣工决算的概念与基本方法、施工图预算的编制方法 技能点：编制简单工程的施工图预算 单元 6. 清单计价方式 知识点：工程量清单编制方法与内容、工程量清单报价编制方法与内容、定额计价与清单计价的联系和区别 技能点：编制简单工程的工程量清单及报价		

课程名称	工程造价概论	50 学时	理论 40 学时 实践 10 学时
实训项目及内容	项目 1. 简单工程施工图预算的编制 熟悉图纸及计算依据，计算定额工程量，计算工程造价，填写施工图预算表格 项目 2. 简单工程的工程量清单及计价 熟悉图纸及计算依据，计算清单工程量，计算清单报价，填写清单报价相关表格		
教学方法建议	1. 多媒体演示法 2. 讲授法 3. 小组讨论法 4. 案例教学法 5. 螺旋进度教学法		
考核评价要求	1. 课堂提问 2. 完成给定的案例、五级评分 3. 学生自评		

3　建筑工程造价专业核心课程简介

建筑工程预算课程简介　　　　　　　　　　　　　　　　附表 1-3

课程名称	建筑工程预算	90 学时	理论 60 学时 实践 30 学时
教学目标	专业能力： 1. 掌握建筑工程预算定额应用 2. 熟悉建筑安装工程费用划分 3. 掌握建筑安装工程费用计算方法 4. 掌握建筑工程量计算方法 5. 掌握建筑工程造价费用计算 方法能力： 1. 使用定额的能力 2. 计算建安工程费的能力 3. 计算工程量的能力 4. 计算工程造价的能力 社会能力： 1. 培养学生发现问题、解决问题的能力以及协调沟通能力 2. 培养学生的合同意识和法律意识 3. 培养学生的成本控制和企业效益的意识 4. 培养学生的学习能力		

课程名称	建筑工程预算	90 学时	理论 60 学时 实践 30 学时
教学内容	单元 1. 建筑工程预算定额应用 知识点：预算定额的内容构成，预算定额的换算 技能点：建筑定额的使用 单元 2. 建筑安装工程费用划分与计算方法 知识点：建筑安装工程费用的概念，建筑安装工程费用的划分，建筑安装工程费用计算方法 技能点：计算建筑安装工程费 单元 3. 建筑工程工程量计算 知识点：建筑面积计算，土石方工程量计算，砖石分部工程量计算，脚手架工程量计算，混凝土分部工程量计算，金属结构工程量计算，门窗工程量计算，楼地面工程量计算，屋面工程量计算，装饰工程量计算方法 技能点：计算建筑工程工程量 单元 4. 建筑工程工程造价费用计算 知识点：直接费计算及工料机用量分析方法，掌握规费计算，掌握企业管理计算，掌握利润与税金计算 技能点：编制建筑工程工程造价		
实训项目及 内容	项目 1. 建筑工程定额工程量的计算 熟悉图纸及计算依据，计算定额工程量 项目 2. 建筑工程工程造价的编制 熟悉图纸及计算依据，计算定额工程量，计算工程造价，填写施工图预算表格		
教学方法建议	1. 讲授法 2. 案例教学法 3. 多媒体演示法 4. 小组讨论法 5. 现场教学法 6. 螺旋进度教学法		
考核评价要求	1. 课堂提问 2. 完成给定的案例、五级评分 3. 根据完成的实习报告，检查学生学习收获 4. 学生自评		

课程名称	工程量清单计价	50 学时	理论 35 学时
			实践 15 学时
教学目标	专业能力： 1. 熟悉《建设工程工程量清单计价规范》内容 2. 掌握清单工程量计算以及工程量清单编制方法 3. 掌握综合单价编制、招标控制价编制、投标报价编制 方法能力： 1. 工程量清单编制能力 2. 招标控制价编制能力、投标报价编制能力 3. 投标技巧 社会能力： 1. 培养学生发现问题、解决问题的能力以及协调沟通能力 2. 培养学生的合同意识和法律意识 3. 培养学生的成本控制和企业效益的意识 4. 培养学生的学习能力		
教学内容	单元 1. 工程量清单编制 知识点：《建设工程工程量清单计价规范》的作用及内容、清单计价与定额计价的联系与区别、工程量清单计价表格使用 技能点：编制建筑工程工程量清单、编制装饰装修工程工程量清单、编制安装工程工程量清单 单元 2. 工程量清单报价编制 知识点：分部分项工程项目与措施项目的组价工程量计算方法、分部分项工程项目与措施项目综合单价计算方法、分部分项工程费、措施项目费、其他项目费、规费和税金的计算方法、投标技巧 技能点：编制工程量清单报价		
实训项目及内容	项目 1. 工程量清单的编制 熟悉图纸及计算依据，计算清单工程量，计算工程造价，填写工程量清单表格 项目 2. 工程量清单报价的编制 熟悉图纸及计算依据，计算定额工程量，计算工程造价，根据清单填写计价表格		
教学方法建议	1. 讲授法 2. 多媒体演示法 3. 案例教学法 4. 小组讨论法 5. 螺旋进度教学法		
考核评价要求	1. 课堂提问 2. 完成给定的案例、五级评分 3. 学生自评		

课程名称	工程结算	50 学时	理论 30 学时 实践 20 学时
教学目标	专业能力： 1. 掌握工程量调整计算方法 2. 熟悉费用调整依据 3. 掌握费用调整方法 4. 熟悉结算书编制方法 方法能力： 1. 结算资料的整理、审核和使用 2. 结算书编制能力 社会能力： 1. 培养学生发现问题、解决问题的能力以及协调沟通能力 2. 培养学生的合同意识和法律意识 3. 培养学生的成本控制和企业效益的意识 4. 培养学生的学习能力		
教学内容	单元 1. 工程量调整 知识点：工程结算编制依据、工程结算编制方法、结算资料整理和审核、工程量增减计算 技能点：依据变更计算增减工程量 单元 2. 费用调整 知识点：人工费、材料费、机械台班费、管理费调整依据、人工费、材料费、机械台班费、管理费调整方法 技能点：人工费、材料费、机械台班费、管理费的调整 单元 3. 结算书编制 知识点：利润、税金调整依据和调整方法 技能点：利润与税金的调整与计算、汇总编制工程结算书		
实训项目及内容	实训项目：工程结算编制 熟悉图纸、计算依据和结算资料，计算变更工程量，调整人工费、材料费、机械台班费、管理费，编制工程计算书		
教学方法建议	1. 讲授法 2. 多媒体演示法 3. 案例教学法 4. 小组讨论法 5. 螺旋进度教学法		
考核评价要求	1. 课堂提问 2. 完成给定的案例、五级评分 3. 学生自评		

4 安装工程造价专业课程体系的架构与说明

第一步，安装造价员岗位工作内容分析；

第二步，安装造价员岗位关键工作（技能）分析；

第三步，安装造价员岗位关键知识分析；

第四步，安装造价员岗位相关知识分析；

第五步，安装造价员岗位拓展知识分析。

通过安装工程造价岗位工作内容分析构建专业教学内容体系的过程见附表 1-6（不包文化基础知识）。

附表 1-6

安装工程造价专业专业教学内容体系分析

造价员岗位工作内容	设计概算	安装工程施工图预算	安装工程施工图预算	工程量清单报价	工程结算
关键工作（技能）	1. 概算指标编制概算 2. 概算定额编制概算 3. 概算工程量计算 4. 类似预算编制概算	1. 定额工程量计算 2. 预算定额使用 3. 造价计算	1. 定额工程量计算 2. 企业定额使用 3. 工料分析与汇总 4. 直接费计算	1. 清单工程量计算 2. 定额工程量计算 3. 综合单价编制 4. 清单报价费用计算	1. 签证工程量计算 2. 索赔费用计算 3. 结算造价计算 4. 工程结算谈判
关键知识	1. 安装识图 2. 安装材料 3. 安装施工工艺 4. 概算原理 5. 概算编制方法 6. 概算软件	1. 安装识图 2. 安装材料 3. 安装施工工艺 4. 预算原理 5. 预算编制方法 6. 预算软件	1. 安装识图 2. 安装材料 3. 安装施工工艺 4. 施工预算原理 5. 施工预算编制方法 6. 施工预算软件	1. 安装识图 2. 安装材料 3. 安装施工工艺 4. 清单计价原理 5. 清单报价编制方法 6. 清单报价软件	1. 安装识图 2. 安装材料 3. 安装施工工艺 4. 结算原理 5. 结算编制方法 6. 结算软件 7. 会计学基础
相关知识	1. 工程招标投标与合同管理　2. 建筑经济　3. 建设工程项目管理　4. 定额编制方法				
拓展知识	1. 项目全过程管理　2. 安装工程新工艺新技术　3. 工程造价控制　4. 市政工程计价　5. 建筑与装饰工程计价				
实训环节	1. 认识实习	2. 工程量计算实训	3. 施工图预算实训	4. 清单报价实训	5. 工程结算实训
	安装工程造价综合实训				
	安装工程造价顶岗实习				
主干课程	1. 安装材料　2. 安装识图　3. 安装施工工艺　4. 建筑识图　5. 工程造价概论　6. 安装工程预算　7. 建筑工程预算　8. 安装工程预算　9. 工程造价软件应用　10. 工程结算　11.BIM 造价软件应用　12. 工程经济　13. 安装工程量清单计价				
核心课程	1. 工程造价原理　2. 安装工程量清单计价　3. 安装工程预算　4. 工程结算				

5 安装工程造价专业核心课程

工程造价原理课程简介　　　　　　　　　　　　　　　　**附表 1-7**

课程名称	工程造价原理	50 学时	理论 40 学时 实践 10 学时
教学目标	专业能力： 1. 掌握工程造价基本原理 2. 熟悉工程造价计价方式 3. 熟练编制工程单价 方法能力： 1. 建筑安装工程费用构成与造价计算程序设计方法 2. 定额编制方法、工程造价计价方式与方法 社会能力： 1. 培养学生学习能力 2. 培养学生的成本控制和企业效益的意识		
教学内容	单元 1. 工程造价计价方式简介 知识点：计价方式的概念、我国工程造价的主要计价方式 技能点：辨识我国主要计价方式 单元 2. 工程造价计价原理 知识点：建筑产品的特性，工程造价计价基本理论 技能点：工程造价计算模型的确定 单元 3. 工程单价 知识点：人工单价、材料单价、机械台班单价 技能点：编制人工单价、材料单价、机械台班单价 单元 4. 建筑工程定额 知识点：概算定额和概算指标、预算定额的构成与内容 技能点：应用预算定额 单元 5. 定额计价方式 知识点：建设项目投资估算、设计概算、施工预算、工程结算、竣工决算的概念与基本方法、施工图预算的编制方法 技能点：编制简单工程的施工图预算 单元 6. 清单计价方式 知识点：工程量清单编制方法与内容、工程量清单报价编制方法与内容、定额计价与清单计价的联系和区别 技能点：编制简单工程的工程量清单及报价		
实训项目及内容	项目 1. 简单工程施工图预算的编制 熟悉图纸及计算依据，计算定额工程量，计算工程造价，填写施工图预算表格 项目 2. 简单工程的工程量清单及计价 熟悉图纸及计算依据，计算清单工程量，计算清单报价，填写清单报价相关表格		

课程名称	工程造价概论	50 学时	理论 40 学时 实践 10 学时
教学方法建议	1. 多媒体演示法 2. 讲授法 3. 小组讨论法 4. 案例教学法 5. 螺旋进度教学法		
考核评价要求	1. 课堂提问 2. 完成给定的案例、五级评分 3. 学生自评		

安装工程预算课程简介　　　　　　　　　　　附表 1-8

课程名称	安装工程预算	120 学时	理论 80 学时 实践 40 学时
教学目标	专业能力： 1. 学会安装工程预算定额应用 2. 学会建筑安装工程费用划分 3. 学会建筑安装工程费用计算方法 4. 学会安装工程量计算方法 5. 学会安装工程造价费用计算 方法能力： 1. 具有使用定额的能力 2. 具有计算安装工程费的能力 3. 具有计算工程量的能力 4. 具有计算工程造价的能力 社会能力： 1. 培养学生发现问题、解决问题的能力以及协调沟通能力 2. 培养学生的合同意识和法律意识 3. 培养学生的成本控制能力和企业效益的意识 4. 培养学生的学习能力		
教学内容	单元 1. 安装工程预算定额应用 知识点：预算定额的内容构成，预算定额的换算 技能点：安装工程定额的使用 单元 2. 建筑安装工程费用划分与计算方法 知识点：建筑安装工程费用的概念，建筑安装工程费用的划分，建筑安装工程费用计算方法 技能点：计算建筑安装工程费 单元 3. 安装工程工程量计算 知识点：室内给水安装工程量计算方法，室内排水工程量计算方法，电气照明工程量计算方法 技能点：室内给水安装工程量计算，室内排水工程量计算，电气照明工程量计算 单元 4. 安装工程工程造价费用计算 知识点：直接费计算及工料机用量分析方法，掌握规费计算，掌握企业管理费计算，掌握利润与税金计算 技能点：编制安装工程工程造价		

课程名称	安装工程预算	120 学时	理论 80 学时 实践 40 学时
实训项目及内容	项目 1. 安装工程定额工程量的计算 熟悉图纸及计算依据，计算定额工程量 项目 2. 安装工程工程造价的编制 熟悉图纸及计算依据，计算定额工程量，计算工程造价，填写施工图预算表格		
教学方法 建议	1. 讲授法 2. 案例教学法 3. 多媒体演示法 4. 小组讨论法 5. 现场教学法 6. 螺旋进度教学法		
考核评价 要求	1. 课堂提问 2. 完成给定的案例、五级评分 3. 根据完成的实习报告，检查学生收获 4. 学生自评		

安装工程工程量清单计价课程简介　　　　　　　　　　**附表 1-9**

课程名称	安装工程工程量清单计价	50 学时	理论 35 学时 实践 15 学时
教学目标	专业能力： 1. 学会《建设工程工程量清单计价规范》内容 2. 学会清单工程量计算以及工程量清单编制方法 3. 学会综合单价编制、招标控制价编制、投标报价编制 方法能力： 1. 具有工程量清单编制能力 2. 具有招标控制价编制能力、投标报价编制能力 3. 投标技巧 社会能力： 1. 培养学生发现问题、解决问题的能力及协调沟通能力 2. 培养学生的合同意识和法律意识 3. 培养学生的成本控制能力和企业效益的意识 4. 培养学生的学习能力		

课程名称	安装工程工程量清单计价	50 学时	理论 35 学时 实践 15 学时
教学内容	单元 1. 安装工程预算定额应用 知识点：预算定额的内容构成，预算定额的换算 技能点：安装工程定额的使用 单元 2. 建筑安装工程费用划分与计算方法 知识点：建筑安装工程费用的概念，建筑安装工程费用的划分，建筑安装工程费用计算方法 技能点：计算建筑安装工程费 单元 3. 市政工程工程量计算 知识点：室内给水工程量计算方法，室内排水工程量计算方法，电气照明工程量计算方法 技能点：室内给水工程量计算，室内排水工程量计算，电气照明工程量计算 单元 4. 安装工程工程造价费用计算 知识点：直接费计算及工料机用量分析方法，掌握规费计算，掌握企业管理费计算，掌握利润与税金计算 技能点：编制市政工程工程造价		
实训项目及内容	项目 1. 安装工程定额工程量的计算 熟悉图纸及计算依据，计算定额工程量 项目 2. 安装工程工程造价的编制 熟悉图纸及计算依据，计算定额工程量，计算工程造价，填写施工图预算表格		
教学方法建议	1. 讲授法 2. 案例教学法 3. 多媒体演示法 4. 小组讨论法 5. 现场教学法 6. 螺旋进度教学法		
考核评价要求	1. 课堂提问 2. 完成给定的案例、五级评分 3. 根据完成的实习报告，检查学生收获 4. 学生自评		

课程名称	安装工程结算	50 学时	理论 30 学时 实践 20 学时
教学目标	专业能力： 1. 学会工程签证、工程变更资料整理 2. 学会工程量调整方法 3. 学会工程费用调整方法 4. 学会工程结算谈判内容 5. 学会工程结算书编制 方法能力： 1. 学会工程结算编制方法，能整理工程签证、工程变更资料，会调整工程量和工程费用 2. 具有工程结算谈判的能力 3. 学会工程结算书编制方法与技能 社会能力： 1. 培养学生发现问题、解决问题的能力及协调沟通能力 2. 培养学生的合同意识和法律意识 3. 培养学生的成本控制能力和企业效益的意识 4. 培养学生的学习能力		
教学内容	单元 1. 工程量调整 知识点：工程结算编制依据、工程结算编制方法、结算资料整理和审核、工程量增减计算 技能点：依据变更计算增减工程量 单元 2. 费用调整 知识点：人工费、材料费、机械台班费、管理费调整依据、人工费、材料费、机械台班费、管理费调整方法 技能点：人工费、材料费、机械台班费、管理费的调整 单元 3. 结算书编制 知识点：利润、税金调整依据和调整方法 技能点：利润与税金的调整与计算、汇总编制工程结算书		
实训项目及内容	实训项目：工程结编制实训 熟悉图纸、计算依据和结算资料，工程变更资料整理，计算变更项目工程量，变更费用计算，编制工程结算书		
教学方法建议	1. 讲授法 2. 案例教学法 3. 多媒体演示法 4. 小组讨论法 5. 现场教学法 6. 螺旋进度教学法		

课程名称	安装工程结算	50 学时	理论 30 学时 实践 20 学时
考核评价要求	1. 课堂提问 2. 完成给定的案例、五级评分 3. 根据完成的实习报告，检查学生收获 4. 学生自评 　采用自我评价、学员互评、教师评价相结合的方式对学习过程中的课堂发言、小组讨论、完成作业、实训效果、团队合作等方面进行综合评价。应体现过程与结果、知识与能力并重的原则		

6 构建市政工程造价专业课程体系的架构与说明

通过市政工程造价职业岗位工作内容的分析构建专业教学内容。

第一步，市政造价员岗位工作内容分析；

第二步，市政造价员岗位关键工作（技能）分析；

第三步，市政造价员岗位关键知识分析；

第四步，市政造价员岗位相关知识分析；

第五步，市政造价员岗位拓展知识分析。

通过市政工程造价岗位工作内容分析构建专业教学内容体系的过程见附表 1-11（不包文化基础知识）。

市政工程造价专业教学内容体系分析表

造价员岗位工作内容	市政工程设计概算	市政工程施工图预算	市政工程施工图预算	市政工程量清单计价	市政工程结算
关键工作（技能）	1. 概算指标编制概算 2. 概算定额编制概算 3. 概算工程量计算 4. 类似预算编制概算	1. 定额工程量计算 2. 计价定额使用 3. 定额计价计算	1. 定额工程量计算 2. 企业定额 3. 工料分析与汇总 4. 直接费计算	1. 清单工程量计算 2. 定额工程量计算 3. 综合单价编制 4. 清单计价费用计算	1. 签证工程量计算 2. 索赔费用计算 3. 结算造价计算 4. 工程结算读判
关键知识	1. 市政识图与构造 2. 市政材料 3. 市政工程施工工艺 4. 概算原理 5. 概算编制方法 6. 概算软件	1. 市政识图与构造 2. 市政材料 3. 市政工程施工工艺 4. 预算原理 5. 预算编制方法 6. 预算软件	1. 市政识图与构造 2. 市政材料 3. 市政工程施工工艺 4. 预算原理 5. 预算编制方法 6. 预算软件	1. 市政识图与构造 2. 市政材料 3. 市政工程施工工艺 4. 清单计价原理 5. 清单计价编制方法 6. 清单计价软件	1. 市政识图与构造 2. 市政材料 3. 市政工程施工工艺 4. 结算原理 5. 结算编制方法 6. 结算软件 7. 会计学基础
相关知识	1. 市政工程招标投标与合同管理　　2. 建筑经济　　3. 市政工程项目管理　　4. 定额编制方法　　5. 资料管理				
拓展知识	1. 绿色建筑　　2. 统计基础　　3. 国学　　4. 工程造价控制　　5. 市政工程力学与结构　　6. 工程地质　　7. 土力学与地基基础				
实训环节	1. 市政工程识图与抄绘　　2. 市政工程计量计价实训　　3. 市政施工图预算实训　　4. 市政工程清单计价实训　　5. 市政工程结算实训				
主干课程	市政工程造价综合实训				
	市政工程造价顶岗实习				
	1. 工程造价原理　　2. 市政工程预算　　3. 市政工程量清单计价　　4. 市政工程结算				
核心课程	1. 市政工程材料　　2. 市政测量　　3. 市政识图与构造　　4. 市政道路施工工艺　　5. 市政桥梁施工工艺　　6. 市政管道施工工艺 7. 工程造价概论　　8. 建筑工程预算　　9. 工程量清单计价　　10. 工程结算　　11. 市政工程建模（翻模）软件　　12. 市政工程造价与管理软件 13. 工程经济　　14. 市政工程项目管理　　15. 钢筋工程量计算				

7 市政工程造价专业核心课程简介

课程名称	工程造价原理	50 学时	理论 40 学时 实践 10 学时
教学目标	专业能力： 1. 掌握工程造价基本原理 2. 熟悉工程造价计价方式 3. 熟练编制工程单价 方法能力： 1. 建筑安装工程费用构成与造价计算程序设计方法 2. 定额编制方法、工程造价计价方式与方法 社会能力： 1. 培养学生学习能力 2. 培养学生的成本控制和企业效益的意识		
教学内容	单元 1. 工程造价计价方式简介 知识点：计价方式的概念、我国工程造价的主要计价方式 技能点：辨识我国主要计价方式 单元 2. 工程造价计价原理 知识点：建筑产品的特性，工程造价计价基本理论 技能点：工程造价计算模型的确定 单元 3. 工程单价 知识点：人工单价、材料单价、机械台班单价 技能点：编制人工单价、材料单价、机械台班单价 单元 4. 建筑工程定额 知识点：概算定额和概算指标、预算定额的构成与内容 技能点：应用预算定额 单元 5. 定额计价方式 知识点：建设项目投资估算、设计概算、施工预算、工程结算、竣工决算的概念与基本方法、施工图预算的编制方法 技能点：编制简单工程的施工图预算 单元 6. 清单计价方式 知识点：工程量清单编制方法与内容、工程量清单报价编制方法与内容、定额计价与清单计价的联系和区别 技能点：编制简单工程的工程量清单及报价		
实训项目及内容	项目 1. 简单工程施工图预算的编制 熟悉图纸及计算依据，计算定额工程量，计算工程造价，填写施工图预算表格 项目 2. 简单工程的工程量清单及计价 熟悉图纸及计算依据，计算清单工程量，计算清单报价，填写清单报价相关表格		
教学方法建议	1. 多媒体演示法 2. 讲授法 3. 小组讨论法 4. 案例教学法 5. 螺旋进度教学法		

课程名称	工程造价概论	50学时	理论40学时 实践10学时
考核评价要求	1. 课堂提问 2. 完成给定的案例，五级评分 3. 学生自评		

市政工程预算课程简介 附表1-13

课程名称	市政工程预算	68学时	理论50学时 实践18学时
教学目标	专业能力： 1. 掌握市政工程预算定额应用 2. 熟悉建筑安装工程费用划分 3. 掌握建筑安装工程费用计算方法 4. 掌握市政工程量计算方法 5. 掌握市政工程造价费用计算 方法能力： 1. 使用定额的能力 2. 计算建安工程费的能力 3. 计算工程量的能力 4. 计算工程造价的能力 社会能力： 1. 培养学生发现问题、解决问题的能力及协调沟通能力 2. 培养学生的合同意识和法律意识 3. 培养学生的成本控制和企业效益的意识 4. 培养学生的学习能力		
教学内容	单元1. 市政工程预算定额应用 知识点：预算定额的内容构成，预算定额的换算 技能点：市政工程定额的使用 单元2. 建筑安装工程费用划分与计算方法 知识点：建筑安装工程费用的概念，建筑安装工程费用的划分，建筑安装工程费用计算方法 技能点：计算建筑安装工程费 单元3. 市政工程工程量计算 知识点：土石方工程量计算，道路工程量计算、桥涵护岸工程量计算、管道工程量计算方法 技能点：计算市政工程工程量 单元4. 市政工程工程造价费用计算 知识点：直接费计算及工料机用量分析方法，掌握规费计算，掌握企业管理费计算，掌握利润与税金计算 技能点：编制市政工程工程造价		
实训项目及内容	项目1. 市政工程定额工程量的计算 熟悉图纸及计算依据，计算定额工程量 项目2. 市政工程工程造价的编制 熟悉图纸及计算依据，计算定额工程量，计算工程造价，填写施工图预算表格		

课程名称	市政工程预算	68 学时	理论 50 学时 实践 18 学时
教学方法建议	1. 讲授法 2. 案例教学法 3. 多媒体演示法 4. 小组讨论法 5. 现场教学法 6. 螺旋进度教学法		
考核评价要求	1. 课堂提问 2. 完成给定的案例、五级评分 3. 根据完成的实习报告，检查学生学习收获 4. 学生自评		

市政工程工程量清单计价课程简介 附表 1-14

课程名称	市政工程工程量清单计价	40 学时	理论 30 学时 实践 10 学时
教学目标	专业能力： 1. 熟悉《建设工程工程量清单计价规范》和《市政工程工程量计算规范》内容 2. 掌握清单工程量计算及工程量清单编制方法 3. 掌握综合单价编制、招标控制价编制及投标报价编制 方法能力： 1. 工程量清单编制能力 2. 招标控制价编制能力、投标报价编制能力 3. 投标技巧 社会能力： 1. 培养学生发现问题、解决问题的能力及协调沟通能力 2. 培养学生的合同意识和法律意识 3. 培养学生的成本控制和企业效益的意识 4. 培养学生的学习能力		
教学内容	单元 1. 工程量清单编制 　知识点：《建设工程工程量清单计价规范》《市政工程工程量计算规范》的作用及内容、清单计价与定额计价的联系与区别、工程量清单计价表格使用 　技能点：编制土石方工程工程量清单、编制道路工程工程量清单、编制桥梁护岸工程工程量清单、编制管道工程工程量清单 单元 2. 工程量清单报价编制 　知识点：分部分项工程项目与措施项目的组价工程量计算方法、分部分项工程项目与措施项目综合单价计算方法、分部分项工程费、措施项目费、其他项目费、规费和税金的计算方法、投标技巧 　技能点：编制工程量清单报价		

课程名称	市政工程工程量清单计价	40 学时	理论 30 学时 实践 10 学时
实训项目及内容	项目 1. 工程量清单编制 熟悉图纸及计算依据，计算清单工程量，计算工程造价，填写工程量清单表格 项目 2. 工程量清单报价的编制 熟悉图纸及计算依据，计算定额工程量，计算工程造价，根据清单填写计价表格		
教学方法建议	1. 讲授法 2. 多媒体演示法 3. 案例教学法 4. 小组讨论法 5. 螺旋进度教学法		
考核评价要求	1. 课堂提问 2. 完成给定的案例，五级评分 3. 学生自评		

市政工程结算课程简介　　　　　　　　　　　　　　　　**附表 1-15**

课程名称	市政工程结算	40 学时	理论 30 学时 实践 10 学时
教学目标	专业能力： 1. 掌握工程量调整计算方法 2. 熟悉费用调整依据 3. 掌握费用调整方法 4. 熟悉结算书编制方法 方法能力： 1. 结算资料的整理、审核和使用 2. 结算书编制能力 社会能力： 1. 培养学生发现问题、解决问题的能力及协调沟通能力 2. 培养学生的合同意识和法律意识 3. 培养学生的成本控制意识和企业效益意识 4. 培养学生的学习能力		

课程名称	市政工程结算	40 学时	理论 30 学时 实践 10 学时
教学内容	单元 1. 工程量调整 知识点：工程结算编制依据、工程结算编制方法、结算资料整理和审核、工程量增减计算 技能点：依据变更计算增减工程量 单元 2. 费用调整 知识点：人工费、材料费、机械台班费、管理费调整依据，人工费、材料费、机械台班费、管理费调整方法 技能点：人工费、材料费、机械台班费、管理费的调整 单元 3. 结算书编制 知识点：利润、税金调整依据和调整方法 技能点：利润与税金的调整与计算、汇总编制工程结算书		
实训项目及内容	实训项目：工程结算编制 熟悉图纸、计算依据和结算资料，计算变更工程量，调整人工费、材料费、机械台班费、管理费，编制工程计算书		
教学方法建议	1. 讲授法 2. 多媒体演示法 3. 案例教学法 4. 小组讨论法 5. 螺旋进度教学法		
考核评价要求	1. 课堂提问 2. 完成给定的案例，五级评分 3. 学生自评		

8　构建园林工程课程体系的架构与说明

通过园林工程造价职业岗位工作内容的分析构建专业教学内容。

第一步，园林工程二级造价工程师（见文件后确认）岗位工作内容及技能分析；

第二步，园林工程二级造价工程师（见文件后确认）岗位关键知识分析；

第三步，园林工程二级造价工程师（见文件后确认）岗位相关知识分析；

第四步，园林工程二级造价工程师（见文件后确认）岗位拓展知识分析。

通过园林工程造价岗位工作内容分析构建专业教学内容体系的过程见附表 1-15（不包文化基础知识）。

园林工程造价专业专业教学内容体系分析表

附表 1-16

造价员岗位工作内容	园林工程设计编制概算	园林工程施工图预算	园林工程施工预算	园林工程量清单计价	园林工程结算
关键工作（技能）	1.概算指标编制概算 2.概算定额编制概算 3.概算工程量计算 4.类似预算编制概算	1.定额工程量计算 2.计价定额使用 3.定额计价计算	1.定额工程量计算 2.企业定额使用 3.工料分析与汇总 4.直接费计算	1.清单工程量计算 2.定额工程量计算 3.综合单价编制 4.清单计价费用计算	1.签证工程量计算 2.索赔费用计算 3.结算造价计算 4.工程结算审计谈判
关键知识	1.园林识图与构造 2.园林工程材料 3.园林工程施工工艺 4.概算原理 5.概算编制方法 6.概算软件	1.园林识图与构造 2.园林工程材料 3.园林工程施工工艺 4.预算原理 5.预算编制方法 6.预算软件	1.园林识图与构造 2.园林工程材料 3.园林工程施工工艺 4.预算原理 5.施工预算编制方法 6.施工预算软件	1.园林识图与构造 2.园林工程材料 3.园林工程施工工艺 4.清单计价原理 5.清单计价编制方法 6.清单计价软件	1.园林识图与构造 2.园林工程材料 3.园林工程施工工艺 4.结算原理 5.结算编制方法 6.结算软件
相关知识	1.工程招投标与合同管理　2.建筑经济　3.园林工程项目管理　4.定额编制方法　5.资料管理				
拓展知识	1.绿色建筑　2.统计基础　3.国学　4.园林仿古建筑　5.园林建筑设计				
实训环节	1.园林工程识图与抄绘　2.园林工程量计算实训　3.园林施工图预算实训　4.园林工程清单计价实训　5.园林工程结算实训 园林工程造价综合实训 园林工程造价顶岗实习				
主干课程	1.园林工程材料　2.园林植物　3.园林工程识图与构造　4.BIM概论　5.Revit基础　6.园林BIM工程量计算　7.园林工程施工工艺 8.工程造价概论　9.园林工程清单计价　10.园林工程项目管理　11.园林工程造价软件应用　12.园林工程造价管理　13.园林工程结算 14.工程经济				
核心课程	1.工程造价原理　2.园林工程预算　3.园林工程结算　4.园林工程清单计价　5.园林工程造价管理				

9 园林工程造价专业核心课程简介

工程造价原理课程简介

附表 1-17

课程名称	工程造价原理	50 学时	理论 40 学时 实践 10 学时
教学目标	专业能力： 1. 掌握工程造价基本原理 2. 熟悉工程造价计价方式 3. 熟练编制工程单价 方法能力： 1. 建筑安装工程费用构成与造价计算程序设计方法 2. 定额编制方法、工程造价计价方式与方法 社会能力： 1. 培养学生学习能力 2. 培养学生的成本控制和企业效益的意识		
教学内容	单元 1. 工程造价计价方式简介 知识点：计价方式的概念、我国工程造价的主要计价方式 技能点：辨识我国主要计价方式 单元 2. 工程造价计价原理 知识点：建筑产品的特性，工程造价计价基本理论 技能点：工程造价计算模型的确定 单元 3. 工程单价 知识点：人工单价、材料单价、机械台班单价 技能点：编制人工单价、材料单价、机械台班单价 单元 4. 建筑工程定额 知识点：概算定额和概算指标、预算定额的构成与内容 技能点：应用预算定额 单元 5. 定额计价方式 知识点：建设项目投资估算、设计概算、施工预算、工程结算、竣工决算的概念与基本方法、施工图预算的编制方法 技能点：编制简单工程的施工图预算 单元 6. 清单计价方式 知识点：工程量清单编制方法与内容、工程量清单报价编制方法与内容、定额计价与清单计价的联系和区别 技能点：编制简单工程的工程量清单及报价		
实训项目及内容	项目 1. 简单工程施工图预算的编制 熟悉图纸及计算依据，计算定额工程量，计算工程造价，填写施工图预算表格 项目 2. 简单工程的工程量清单及计价 熟悉图纸及计算依据，计算清单工程量，计算清单报价，填写清单报价相关表格		
教学方法建议	1. 多媒体演示法 2. 讲授法 3. 小组讨论法 4. 案例教学法 5. 螺旋进度教学法		

课程名称	工程造价概论	50 学时	理论 40 学时 实践 10 学时
考核评价要求	1. 课堂提问 2. 完成给定的案例，五级评分 3. 学生自评		

园林工程预算课程简介　　　　　　　　　　　　　　　　　　　　附表 1-18

课程名称	园林工程预算	120 学时	理论 40 学时 实践 80 学时
教学目标	专业能力： 1. 掌握园林工程预决算的基本概念 2. 掌握工程量计算规则 3. 掌握套用定额和规范的方法与原则 4. 掌握编制预决算和取费表的基本原则 5. 掌握编制招标投标文件的方法和原则 方法能力： 1. 具备熟练使用基本概念，根据给定的任务，合理分析各部分功能关系的能力 2. 具有能运用几种方法，依据施工图准确计算工程量的计算能力 3. 具备正确套用定额和规范编制预决算的能力 4. 具备准确的编写取费表的能力 5. 具备编制招标投标文件的能力 6. 具备对项目进行总结、整理、归纳的能力 社会能力： 1. 培养学生发现问题、分析问题和解决问题的能力 2. 培养良好的学习态度和职业道德 3. 锻炼学生与人合作、交往、团队合作意识 4. 培养学生组织、领导能力		
教学内容	单元 1. 课程导入绪论 知识点：课程的性质、任务、学习和考核方法 技能点：定额的基本概念，使用定额的方法 单元 2. 土石方工程预算 知识点：掌握几种计算工程量的方法、掌握编制土方预算 技能点：掌握计算土方工程量的方法，具备编制土方工程预决算的能力 单元 3. 种植工程预算 知识点：掌握几种计算工程量的方法、掌握编制种植工程预算的方法 技能点：掌握计算种植工程量的方法，具备编制种植工程预决算的能力 单元 4. 园路工程预算 知识点：掌握几种计算工程量的方法、掌握编制园路工程预算的方法 技能点：掌握计算种植工程量的方法，具备编制种植工程预决算的能力		
实训项目及内容	项目 1. 编制取费表 掌握计算取费表的方法，具备编制取费表的能力 项目 2. 一套施工图纸的预算 掌握预决算的方法，具备编制小型工程预决算的能力		

课程名称	园林工程预算	120 学时	理论 40 学时 实践 80 学时
教学方法建议	1. 讲授法 2. 启发式教学法 3. 互动讲评法 4. 分组讨论法 5. 项目教学法		
考核评价要求	学生自评、互评，教师总评相结合的评价方式		

园林工程工程量清单计价课程简介　　　　　　　　　附表 1-19

课程名称	园林工程工程量清单计价	40 学时	理论 30 学时 实践 10 学时
教学目标	专业能力： 1. 熟悉《建设工程工程量清单计价规范》《园林绿化工程工程量计算规范》内容 2. 掌握清单工程量计算以及工程量清单编制方法 3. 掌握综合单价编制、招标控制价编制、投标计价编制 方法能力： 1. 工程量清单编制能力 2. 招标控制价编制能力、投标计价编制能力 社会能力： 1. 培养学生发现问题、分析问题和解决问题的能力 2. 培养学生的合同意识和法律意识 3. 培养学生的成本控制和企业效益的意识 4. 培养学生的学习能力		
教学内容	单元 1. 工程量清单编制 　知识点：《建设工程工程量清单计价规范》《园林绿化工程工程量计算规范》的作用和内容、清单计价与定额计价的联系与区别、工程量清单计价表格使用 　技能点：编制土石方工程工程量清单、编制种植工程工程量清单、编制道路工程工程量清单、编制景观工程工程量清单 单元 2. 工程量清单计价编制 　知识点：分部分项工程项目与措施项目的组价工程量计算方法、分部分项工程项目与措施项目综合单价计算方法、分部分项工程费、措施项目费、其他项目费、规费和税金的计算方法、投标技巧 　技能点：编制工程量清单计价		

课程名称	园林工程工程量清单计价	40 学时	理论 30 学时 实践 10 学时
实训项目及内容	项目 1. 工程量清单的编制 熟悉图纸及计算依据，计算清单工程量，计算工程造价，填写工程量清单表格 项目 2. 工程量清单计价的编制 熟悉图纸及计算依据，计算定额工程量，计算工程造价，根据清单填写计价表格		
教学方法建议	1. 讲授法 2. 多媒体演示法 3. 案例教学法 4. 小组讨论法 5. 螺旋进度教学法		
考核评价要求	1. 课堂提问 2. 完成给定的案例、五级评分 3. 学生自评		

园林工程结算课程简介　　　　　　　　　　　　　　　　附表 1-20

课程名称	园林工程结算	40 学时	理论 30 学时 实践 10 学时
教学目标	专业能力： 1. 掌握工程量调整计算方法 2. 熟悉费用调整依据 3. 掌握费用调整方法 4. 熟悉结算书编制方法 方法能力 1. 结算资料的整理、审核和使用 2. 结算书编制能力 社会能力： 1. 培养学生发现问题、分析问题和解决问题的能力 2. 培养学生的合同意识和法律意识 3. 培养学生的成本控制和企业效益的意识 4. 培养学生的学习能力		
教学内容	单元 1. 工程量调整 知识点：工程结算编制依据、工程结算编制方法、结算资料整理和审核、工程量增减计算 技能点：依据变更计算增减工程量 单元 2. 费用调整 知识点：人工费、材料费、机械台班费、管理费调整依据，人工费、材料费、机械台班费、管理费调整方法 技能点：人工费、材料费、机械台班费、管理费的调整 单元 3. 结算书编制 知识点：利润、税金调整依据和调整方法 技能点：利润与税金的调整与计算、汇总编制工程结算书		

课程名称	园林工程结算	40 学时	理论 30 学时 实践 10 学时
实训项目及内容	实训项目：工程量结算编制 熟悉图纸、计算依据和结算资料，计算变更工程量，调整人工费、材料费、机械台班费、管理费，编制工程结算书		
教学方法建议	1. 讲授法 2. 多媒体演示法 3. 案例教学法 4. 小组讨论法 5. 螺旋进度教学法		
考核评价要求	1. 课堂提问 2. 完成给定的案例、五级评分 3. 学生自评		

10 教学进程安排及说明

10.1 建筑工程造价专业教学进程安排

建筑工程造价专业教学进程安排 附表 1-21

课程类别	序号	课程名称	学时			课程按学期安排					
			理论	实践	合计	一	二	三	四	五	六
		一、文化基础课									
必修课	1	思想道德修养与法律基础	50		50	✓					
	2	毛泽东思想与中国特色社会主义理论体系	60		60		✓				
	3	形势与政策	20		20			✓			
	4	国防教育与军事训练	36		36	✓					
	5	英语	100		100	✓	✓	✓			
	6	体育	80		80	✓	✓				
	7	高等数学	70		70	✓					
	8	线性代数	40		40		✓				
	9	概率论与数理统计	40		40			✓			
	10	国学	50		50			✓			
	11	计算机基础	40		40		✓				
		小计	586		586						

课程类别	序号	课程名称	学时			课程按学期安排					
			理论	实践	合计	一	二	三	四	五	六
	二、专业课										
必修课	12	工程经济	30		30	✓					
	13	建筑识图与构造	70	20	90	✓					
	14	建筑与装饰材料	40	10	50	✓					
	15	建筑施工工艺	50	10	60		✓				
	16	建筑结构基础	40	10	50		✓				
	17	★工程造价原理	40	10	50		✓				
	18	钢筋工程量计算	20	20	40			✓			
	19	★建筑工程预算	60	30	90			✓			
	20	★装饰工程预算	25	15	40			✓			
	21	★工程量清单计价	35	15	50					✓	
	22	★工程结算	30	20	50					✓	
	23	BIM造价软件应用	20	20	40					✓	
	24	建筑工程项目管理	50	20	70				✓		
	小计	510	200	710							
选修课	三、限选课										
	25	工程招投标与合同管理	40	10	50			✓			
	26	Revit基础	40		40			✓			
	27	BIM概论	20	10	30				✓		
	28	建筑工程资料管理	30		30				✓		
	小计		130	20	150						
	四、任选课		100		100						
	小计		100		100	✓	✓	✓			
	合计		1326	230	1546						

注：标注★的课程为专业核心课程。

10.2 安装工程造价专业教学进程安排

安装工程造价专业教学进程安排　　　　　　　　　　　　　附表 1-22

课程类别	序号	课程名称	学时			课程按学期安排					
			理论	实践	合计	一	二	三	四	五	六
必修课		一、文化基础课									
	1	思想道德修养与法律基础	50		50	✓					
	2	毛泽东思想与中国特色社会主义理论体系	60		60		✓				
	3	形势与政策	20		20			✓			
	4	国防教育与军事训练	36		36	✓					
	5	英语	100		100	✓	✓	✓			
	6	体育	80		80	✓	✓				
	7	高等数学	100		100	✓					
	8	线性代数	40		40		✓				
	9	概率论与数理统计	40		40				✓		
	10	大学生职业发展与就业指导	50		50			✓			
	11	计算机基础	40		40		✓				
		小计	586		586						
		二、专业课									
	12	建筑识图与构造	70	20	90	✓					
	13	建筑安装工程材料	40	10	50	✓					
	14	建筑安装工程识图与施工工艺	50	10	60		✓				
	15	★工程造价原理	40	10	50		✓				
	16	★安装工程预算	80	40	120			✓			
	17	★安装工程量清单计价	35	15	50				✓		
	18	★安装工程结算	30	20	50					✓	
	19	安装工程算量与计价软件应用	20	20	40					✓	
	20	工程造价管理	40	10	50				✓		
	21	建筑工程项目管理	50	20	70				✓		
		小计	425	175	600						

课程类别	序号	课程名称	学时			课程按学期安排					
			理论	实践	合计	一	二	三	四	五	六
选修课		三、限选课									
	22	工程招标投标与合同管理	40	10	50			✓			
	23	建筑经济	40		40			✓			
	24	建筑安装工程资料管理	30	10	40				✓		
	25	建筑工程计价	60	30	90						
	26	市政工程计价	60	30	90						
	27	建筑工程施工工艺	40	20	60						
	28	定额编制方法	20	10	30			✓			
	29	会计学基础	30		30				✓		
		小计	320	110	430						
		四、任选课	100		100						
		小计	100		100	✓	✓	✓			
		合计	1461	285	1746						

注：标注★的课程为专业核心课程。

10.3 市政工程造价专业教学进程安排

市政工程造价专业教学进程安排 附表 1-23

课程类别	序号	课程名称	学时			课程按学期安排					
			理论	实践	合计	一	二	三	四	五	六
必修课		一、文化基础课									
	1	思想道德修养与法律基础	50		50	✓					
	2	毛泽东思想与中国特色社会主义理论体系	60		60		✓				
	3	形势与政策	20		20			✓			
	4	国防教育与军事训练	36		36	✓					
	5	英语	100		100	✓	✓	✓			
	6	体育	80		80	✓	✓				
	7	高等数学	70		70	✓					
	8	线性代数	40		40		✓				
	9	概率论与数理统计	40		40			✓			
	10	国学	50		50			✓			
	11	计算机基础	40		40		✓				
		小计	586		586						

课程类别	序号	课程名称	学时			课程按学期安排					
			理论	实践	合计	一	二	三	四	五	六
必修课		二、专业课									
	12	工程经济	30		30				√		
	13	工程项目管理	46	18	64				√		
		小计	76	18	94						
选修课		三、限选课									
	14	工程招标投标与合同管理	22	10	32			√			
	15	建筑经济	40		40			√			
	16	工程定额编制原理	20	10	30				√		
	17	工程资料管理	20	10	30				√		
		小计	102	30	132						
		四、任选课	100		100						
		小计	100		100						
		公共平台课程合计	864	48	912						
必修课		一、专业课程									
	18	市政工程识图与构造	40	24	64	√					
	19	市政工程材料	40	16	56	√					
	20	市政道路工程结构与施工	52	8	60		√				
	21	市政桥涵工程结构与施工	52	8	60		√				
	22	市政管道工程结构与施工	40	8	48		√				
	23	★工程造价原理	40	10	50		√				
	24	市政工程钢筋工程量计算	20	20	40			√			
	25	★市政工程预算	50	18	68			√			
	26	★市政工程工程量清单计价	30	10	40				√		
	27	★市政工程结算	30	10	40					√	
	28	市政工程BIM建（翻）模软件应用	20	20	40					√	
	29	★市政工程BIM造价软件应用	20	20	40					√	
		小计	434	172	606						
选修课		二、限选课									
	30	市政工程测量	24	24	48				√		
		小计	24	24	48						
		专业方向课程合计	458	196	654						
		课时合计	1322	244	1566						

注：标注★的课程为专业核心课程。

10.4 园林工程造价专业教学进程安排

园林工程造价专业教学进程安排 附表1-24

课程类别	序号	课程名称	学时			课程按学期安排					
			理论	实践	合计	一	二	三	四	五	六
必修课		一、文化基础课									
	1	思想道德修养与法律基础	50		50	✓					
	2	毛泽东思想与中国特色社会主义理论体系	60		60		✓				
	3	形势与政策	20		20			✓			
	4	国防教育与军事训练	36		36	✓					
	5	英语	100		100	✓	✓	✓			
	6	体育	80		80	✓	✓				
	7	高等数学	70		70	✓					
	8	线性代数	40		40		✓				
	9	概论与数理统计	40		40			✓			
	10	国学	50		50			✓			
	11	计算机基础	40		40		✓				
		小计	586		586						
		二、专业课									
	12	园林植物	30		30		✓				
	13	园林工程识图与构造	70	20	90	✓					
	14	园林工程材料	40	10	50	✓					
	15	园林工程施工工艺	50	10	60		✓				
	16	建筑结构基础	40	10	50		✓				
	17	★工程造价原理	40	10	50		✓				
	18	钢筋工程量计算	20	20	40			✓			
	19	★园林工程预算	60	30	90			✓			
	20	装饰工程预算	25	15	40			✓			
	21	★园林工程量清单计价	35	15	50					✓	
	22	★工程结算	30	20	50					✓	
	23	BIM造价软件应用	20	20	40					✓	
	24	★园林工程项目管理	50	20	70			✓			
		小计	510	200	710						
选修课		三、限选课									
	25	工程招投标与合同管理	40	10	50			✓			
	26	Revit基础	40		40			✓			
	27	BIM概论	20	10	30				✓		
	28	园林工程资料管理	30		30				✓		
		小计	130	20	160						
		四、任选课	100		100						
		小计	100		100	✓	✓	✓			
		合计	1326	230	1556						

注：标注★的课程为专业核心课程。

10.5 实践教学安排

建筑工程造价专业实践教学安排 附表 1-25

序号	项目名称	教学内容	对应课程	学时	实践教学项目按学期安排					
					一	二	三	四	五	六
1	房屋测绘	识读两个以上工程的完整的建筑施工图和结构施工，测绘两个以上工程	建筑识图与构造	30	✓					
2	建筑材料检测实训	水泥检测，砂、石检测，混凝土试配与检测，钢筋检测，墙体材料检测	建筑与装饰材料	10	✓					
3	建筑工程预算编制实训	计算建筑工程量、直接费、间接费、工程造价费用	建筑工程预算	60			✓			
4	装饰工程预算编制实训	计算装饰工程量、直接费、间接费、工程造价费用	装饰工程预算	30			✓			
5	工程量清单编制实训	计算分部分项工程量、计算措施项目工程量，措施项目确定，其他项目确定，规费项目确定，税金项目确定	工程量清单计价	30					✓	
6	工程量清单计价编制实训	编制综合单价，计算分部分项工程量清单费、措施项目清单费、其他项目清单费、规费和税金	工程量清单计价	60					✓	
7	工程结算编制实训	计算结算工程量、直接费、间接费、结算工程造价计算	工程结算	30					✓	
8	BIM造价计量与计价软件应用实训	建筑工程算量、钢筋工程量计算、清单报价编制	造价软件应用	60					✓	
9	工程造价综合实训	建筑工程、装饰工程、水电安装工程施工图预算编制、建筑工程、装饰工程、水电安装工程工程量清单报价书编制、建筑工程、装饰工程、水电安装工程工程结算书编制	工程造价综合实训	240					✓	
10	顶岗实习		18周×30学时	540						✓
合计				1930						

安装工程造价专业实践教学安排

附表 1-26

序号	项目名称	教学内容	对应课程	学时	实践教学项目按学期安排					
					一	二	三	四	五	六
1	认识实习	参观认识三种以上不同建筑类型的施工工地	建筑识图与构造	30	✓					
2	安装工程施工操作	认识各种安装工程材料，并对常用管材及卫生洁具进行安装操作	安装工程识图与施工工艺、安装工程材料	60		✓				
3	安装工程预算编制	计算安装工程工程量、分部分项工程费、措施费、其他项目费、规费和税金	安装工程预算	60			✓			
4	安装工程工程量清单的编制及招标控制价的编制	编制工程量清单，计算分部分项工程量清单费、措施项目清单费、其他项目清单费、规费和税金	安装工程工程量清单计价	60				✓		
5	工程结算编制	计算安装工程结算工程量及结算总造价	安装工程结算	30					✓	
6	安装工程工程算量与计价软件应用	安装工程工程量计算、清单报价编制	安装工程算量与计价软件应用	60					✓	
7	安装工程造价综合实训	编制安装工程施工图预算、安装工程工程量清单报价书、安装工程工程结算书	工程造价综合实训	240					✓	
8	顶岗实习	编制安装工程工程量清单以及工程量清单报价、成本分析	毕业实习	540						✓
合计				1080						

注：1. 每周按 30 学时计算。

　　2. 工程造价综合实训学时已算入教学进程表中。

市政工程造价专业实践教学安排

附表 1-27

序号	项目名称	教学内容	对应课程	学时	实践教学项目按学期安排					
					一	二	三	四	五	六
1	市政工程识图与绘制实训	识读完整的市政道路工程、桥涵工程、管道工程施工图各一个，绘制市政道路工程、桥涵工程、管道工程施工图各一个	市政工程识图与构造	30	✓					

序号	项目名称	教学内容	对应课程	学时	实践教学项目按学期安排					
					一	二	三	四	五	六
2	市政工程材料检测实训	砂石材料试验、石灰和稳定土试验、水泥检测、混凝土用集料检测实训、水泥混凝土试配与检测、建筑砂浆试验、沥青材料试验、沥青混合料试验、钢筋检测	市政工程材料	30	✓					
3	市政工程预算编制实训	计算市政土方工程、道路工程桥涵工程、管道工程的工程量，并计算直接费、间接费、工程造价费用	市政工程预算	60			✓			
4	市政工程工程量清单计价编制实训	计算分部分项工程量、计算措施项目工程量，措施项目确定，其他项目确定，规费项目确定，税金项目确定，编制综合单价，计算分部分项工程量清单费、措施项目清单费、其他项目清单费、规费和税金	市政工程工程量清单计价	90					✓	
5	市政工程结算编制实训	计算结算工程量、直接费、间接费、结算工程造价计算	市政工程结算	30					✓	
6	市政工程BIM建（翻）模软件应用	市政道路工程翻模、市政桥涵工程翻模、市政管道工程翻模	市政工程BIM翻模软件应用	60					✓	
7	市政工程BIM造价计量、计价软件应用实训	市政工程算量计算、清单报价编制	市政工程BIM造价软件应用	60					✓	
8	市政工程造价综合实训	市政道路工程、市政桥涵工程、市政管道工程施工图预算编制、市政道路工程、市政桥涵工程、市政管道工程工程量清单报价书编制、市政道路工程、市政桥涵工程、市政管道工程工程结算书编制	市政工程造价综合实训	240					✓	
9	顶岗实习		18周×30学时	540						✓
合计				1140						

注：每周按30学时计算。

序号	项目名称	教学内容	对应课程	学时	实践教学项目按学期安排					
					一	二	三	四	五	六
1	园林植物识别实训	识别常用园林植物、园林植物景观基本原理与设计方法、园林植物养护管理技术	园林植物	24	✓	✓				
2	园林工程施工实训	园林工程进度管理、园林工程工艺流程控制、园路工程进度管理、栽植工程进度管理、景观工程进度管理	园林工程	24			✓	✓		
3	园林测量实训	工程测量的基本原理与方法水准仪、经纬仪、全站仪、钢尺等基本测量仪器的使用	园林测量	12				✓		
4	园林工程造价与招投标	掌握预决算的方法，具备编制小型工程预决算的能力	园林工程造价与招投标	12				✓		
5	园林设计实训	小型公园景观设计方案实训	园林设计	12			✓			
6	园林工程造价专业实训	园林工程造价软件应用、计价软件操作方法、电子评标（共友、广联达）操作方法	园林工程造价与招标投标	120					✓	
7	毕业设计		毕业设计	240						
8	顶岗实习		顶岗实习	540						✓
合计				984						

注：每周按 30 学时计算。

高等职业教育工程造价专业校内
实训及校内实训基地建设导则

2.1 高等职业教育教育建筑工程造价专业校内实训及校内实训基地建设导则

1 总 则

1.0.1 为了加强和指导高等职业教育教育工程造价专业校内实训教学和实训基地建设，强化学生实践能力，提高人才培养质量，特制定本导则。

1.0.2 本导则依据工程造价专业学生的专业能力和知识的基本要求制定，是《高等职业教育教育工程造价专业教学基本要求》的组成部分。

1.0.3 本导则适用于工程造价专业校内实训教学和实训基地建设。

1.0.4 本专业校内实训应与校外实训相互衔接，实训基地应与其他相关专业及课程的实训实现资源共享。

1.0.5 工程造价专业校内实训教学和实训基地建设，除应符合本导则外，尚应符合国家现行标准、政策的有关规定。

2 术 语

2.0.1 在学校控制状态下，按照人才培养规律与目标，对学生进行职业能力训练的教学过程。

2.0.2 基本实训项目

与专业培养目标联系紧密，且学生必须在校内完成的职业能力训练项目。

2.0.3 选择实训项目

与专业培养目标联系紧密，应当开设，但是根据学校实际情况选择在校内或校外完成的职业能力训练项目。

2.0.4 拓展实训项目

与专业培养目标相联系，体现学校和专业发展特色，可在学校开展的职业能力训练项目。

2.0.5 实训基地

实训教学实施的场所，包括校内实训基地和校外实训基地。

2.0.6 共享性实训基地

与其他院校、专业、课程公用的实训基地。

2.0.7 理实一体化教学法

即理论实践一体化教学法，将专业理论课与专业实践课的教学环节进行整合，通过设定的教学任务，实现边教、边学、边做。

3 校 内 实 训 教 学

3.1 一 般 规 定

3.1.1 工程造价专业必须开设本导则规定的基本实训项目，且应在校内完成。

3.1.2 工程造价专业应开设本导则规定的选择实训项目，且宜在校内完成。

3.1.3 学校可根据本校专业特色，选择开设拓展实训项目。

3.1.4 实训项目的训练环境宜符合造价工作的真实环境。

3.1.5 本章所列实训项目，可根据学校所采用的课程模式、教学模式和实训教学条件，采取理实一体化教学或独立于理论教学进行训练；可按单个项目开展训练或多个项目综合开展训练。

3.2 基本实训项目

3.2.1 本专业的校内基本实训包括房屋测绘实训、建筑工程预算编制实训、装饰工程预算编制实训、工程量清单编制实训、工程量清单报价编制实训、工程结算编制实训、造价计量、计价软件应用实训、工程造价综合实训。

3.2.2 本专业的基本实训项目应符合附表 2-1 的要求。

工程造价专业的基本实训项目　　　　　　　　　　　　　　　　附表 2-1

序号	实训名称	能力目标	实训内容	实训方式	评价要求
1	房屋测绘实训	能够采用简单工具对房屋进行测绘以及识读一般建筑的施工图	（1）利用皮尺等工具对学校内建筑物进行测绘 （2）将测绘成果与此房屋的施工图进行对比	测绘、识图	根据学生完成测绘的速度以及测绘成果的质量进行评价
2	建筑材料检测实训	能通过检测材料判定材料性能。学会分析施工图中所使用的各种建筑和装饰材料	（1）水泥检测 （2）混凝土用集料检测实训 （3）混凝土试配与检测 （4）钢筋检测 （5）墙体材料检测	实操、观摩	根据任务完成计划情况、成果质量、面试等环节确定总评成绩，同时要求学生总结成果并展示
3	建筑工程预算编制实训	能够完整编制一般工程的施工图预算（建筑工程部分）	（1）计算分项工程的工程量 （2）计算分项工程基价 （3）汇总成工程预算价格	实操	用真实的工程图纸作为编制工程预算对象，根据学生实际操作的完成时间和结果进行评价，操作结果应参照相应现行预算定额

序号	实训名称	能力目标	实训内容	实训方式	评价要求
4	装饰工程预算编制实训	能够完整编制一般工程的施工图预算（装饰工程部分）	（1）计算分项工程的工程量 （2）计算分项工程基价 （3）汇总成工程预算总价格	实操	用真实的工程图纸作为编制工程预算对象，根据学生实际操作的完成时间和结果进行评价，操作结果应参照相应现行预算定额
5	工程量清单编制实训	能够完成一般工程的工程量清单	编制工程量清单	实操	用真实的工程图纸作为编制工程预算对象，根据学生实际操作的完成时间和结果进行评价，操作结果应参照相应现行清单计价规范
6	工程量清单报价编制实训	能够完成一般工程的工程量招标控制价及投标报价的编制	（1）根据工程量清单编制招标控制价 （2）根据工程量清单编制投标报价	实操	根据学生实际操作的完成时间和结果进行评价，操作结果应参照相应、现行的清单计价规范、预算定额及相关的标准图集
7	工程结算编制实训	能够完成一般工程的工程结算的编制	根据已有工程的施工图预算以及设计变更、现场签证等资料编写工程结算	实操	用真实的工程图纸作为计算对象，根据学生实际操作的完成时间和结果进行评价，操作结果应参照相应现行的预算定额以及相关的标准图集
8	造价计量、计价软件应用实训	能够利用造价软件完成一般工程的工程量计算、施工图预算编制及清单报价编制	（1）利用造价软件计算建筑、装饰、水电安装工程量 （2）利用造价软件编制工程量清单以及清单报价	实操	用真实的工程图纸作为计算对象，根据学生实际操作的完成时间和结果进行评价，操作结果应参照相应、现行的清单计价规范、预算定额及相关的标准图集
9	工程造价综合实训	能够完成一定规模工程的建筑工程、装饰工程、水电安装工程施工图预算编制、工程量清单报价书编制及工程结算书编制	（1）编制建筑工程、装饰工程、水电安装工程施工图预算 （2）编制建筑工程、装饰工程、水电安装工程量清单报价书 （3）编制工程结算	实操	用真实的工程图纸作为计算对象，根据学生实际操作的完成时间和结果进行评价，操作结果应参照相应、现行的清单计价规范、预算定额及相关的标准图集

3.3 选择实训项目

3.3.1 工程造价专业的校内选择实训包括复杂工程的工程量清单与清单报价编制实训、复杂工程的工程结算编制实训。

3.3.2 工程造价专业的选择实训项目应符合附表2-2的要求。

工程造价专业的选择实训项目 附表2-2

序号	实训名称	能力目标	实训内容	实训方式	评价要求
1	复杂工程的工程量清单与清单报价编制实训（建筑面积不小于5000m²）	能编制复杂工程的工程量清单与清单报价	编制工程量清单；根据工程量清单编制招标控制价及投标报价	实操	用真实的工程图纸作为计算对象，根据学生实际操作的完成时间和结果进行评价，操作结果应参照相应现行的清单计价规范、预算定额及相关的标准图集
2	复杂工程的工程结算编制实训（建筑面积不小于5000m²）	能编制复杂工程的工程结算	根据已有工程的施工图预算以及设计变更、现场签证等资料编写工程结算	实操	用真实的工程图纸作为计算对象，根据学生实际操作的完成时间和结果进行评价，操作结果应参照相应现行的清单计价规范、预算定额及相关的标准图集

3.4 拓展实训项目

3.4.1 工程造价专业可根据本学校专业特色，自主开设招标投标文件编制实训、建设工程技术资料编制实训项目。

3.4.2 工程造价专业的拓展实训项目宜符合附表2-3的要求。

工程造价专业的拓展实训项目 附表2-3

序号	实训名称	能力目标	实训内容	实训方式	评价要求
1	招标投标文件编制实训	能编制一般工程的招标投标文件	一般工程的招标投标文件编制	技术文件编制	根据招标投标文件编制的过程和结果进行评价，编制结果参照国家有关的招标投标文件编制规范
2	建设工程技术资料编制实训	能编制一般工程的建设工程技术资料	一般土建工程的施工技术资料编制	技术文件编制	根据施工技术资料编制过程和结果进行评价

3.5 实训教学管理

3.5.1 各院校应将实训教学项目列入专业培养方案，所开设的实训项目应符合本导则要求。

3.5.2 每个实训项目应有独立的教学大纲和考核标准及实训项目的任务书和指导书。

3.5.3 学生的实训成绩应在学生学业评价中占一定的比例,独立开设的实训项目应单独记录成绩。

4 校 内 实 训 基 地

4.1 一 般 规 定

4.1.1 校内实训基地的建设,应符合下列原则和要求:

1 因地制宜、开拓创新,具有实用性、先进性和效益性,满足学生职业能力培养的需要;

2 源于现场、高于现场,尽可能体现真实的职业环境,体现本专业领域新材料、新技术、新工艺、新设备;

3 实训设备应优先选用工程用设备。

4.1.2 各院校应根据学校区位、行业和专业特点,积极开展校企合作,探索共同建设生产实训基地的有效途径,积极探索虚拟工艺、虚拟现场等实训新手段。

4.1.3 各院校应根据区域学校、专业及企业布局情况,统筹规划、建设共享型实训基地,努力实现实训资源共享,发挥实训基地在实训教学、员工培训、技术研发等多方面的作用。

4.2 校内实训基地建设

4.2.1 基本实训项目的实训设备(设施)和实训室(场地)是开设本专业的基本条件,各院校应达到本节要求。

选择实训项目、拓展实训项目,其实训设备(设施)和实训室(场地)应符合本节要求。

4.2.2 工程造价专业校内实训基地的场地最小面积、主要设备名称及数量见附表2-4～附表2-15。

注:本导则按照一个教学班实训计算实训设备(设施)。

房屋测绘实训 附表2-4

序号	实训任务	实训类别	主要设备(设施名称)	单位	数量	实训室面积
1	房屋测绘	基本实训	建筑施工图	套	50	不小于100m²
			皮尺	件	12	

建筑工程预算编制实训 附表2-5

序号	实训任务	实训类别	主要设备(设施名称)	单位	数量	实训室面积
1	建筑工程预算编制	基本实训	建筑施工图、结构施工图	套	50	不小于70m²

序号	实训任务	实训类别	主要设备（设施名称）	单位	数量	实训室面积
1	装饰工程预算编制	基本实训	建筑施工图、结构施工图	套	50	不小于 70m²

工程量清单编制实训   附表 2-7

序号	实训任务	实训类别	主要设备（设施名称）	单位	数量	实训室面积
1	工程量清单编制	基本实训	建筑施工图、结构施工图、给水排水施工图、强弱电施工图	套	50	不小于 70m²

工程量清单报价编制实训   附表 2-8

序号	实训任务	实训类别	主要设备（设施名称）	单位	数量	实训室面积
1	工程量清单报价编制	基本实训	建筑施工图、结构施工图、给水排水施工图、强弱电施工图	套	50	不小于 70m²

工程结算编制实训   附表 2-9

序号	实训任务	实训类别	主要设备（设施名称）	单位	数量	实训室面积
1	工程结算编制	基本实训	建筑施工图、结构施工图、给水排水施工图、强弱电施工图、设计变更、签证等	套	50	不小于 70m²

造价计量、计价软件应用实训   附表 2-10

序号	实训任务	实训类别	主要设备（设施名称）	单位	数量	实训室面积
1	造价计量、计价软件应用	基本实训	建筑施工图、结构施工图、给水排水施工图、强弱电施工图	套	50	不小于 100m²
			计算机	台	50	
			造价软件（网络版）	套	1	

工程造价综合实训   附表 2-11

序号	实训任务	实训类别	主要设备（设施名称）	单位	数量	实训室面积
1	工程造价综合实训	基本实训	建筑施工图、结构施工图、给水排水施工图、强弱电施工图、设计变更、签证等	套	50	不小于 100m²

复杂工程清单报价编制实训   附表 2-12

序号	实训任务	实训类别	主要设备（设施名称）	单位	数量	实训室面积
1	复杂工程的工程量清单与清单报价编制（建筑面积不小于 5000m²）	选择实训	建筑施工图、结构施工图、给水排水施工图、强弱电施工图	套	50	不小于 100m²
			计算机	台	50	
			工程造价软件（网络版）	套	1	

复杂工程工程结算书编制实训   附表 2-13

序号	实训任务	实训类别	主要设备（设施名称）	单位	数量	实训室面积
1	复杂工程的工程结算书编制（建筑面积不小于 5000m²）	选择实训	建筑施工图、结构施工图、给水排水施工图、强弱电施工图	套	50	不小于100m²
			计算机	台	50	
			工程造价软件（网络版）	套	1	

招标投标文件编制实训（软件）实训   附表 2-14

序号	实训任务	实训类别	主要设备（设施名称）	单位	数量	实训室面积
1	招标投标文件编制实训	拓展实训	建筑施工图、结构施工图、给水排水施工图、强弱电施工图	套	50	不小于100m²
			计算机	台	50	
			工程管理软件（网络版）	套	1	

建设工程技术资料编制实训（软件）实训   附表 2-15

序号	实训任务	实训类别	主要设备（设施名称）	单位	数量	实训室面积
1	建设工程技术资料编制实训	拓展实训	资料柜	件	10	不小于100m²
			计算机	台	50	
			资料管理软件（网络版）	套	1	

5 实 训 师 资

5.1 一 般 规 定

5.1.1 实训教师应履行指导实训、管理实训学生和对实训进行考核评价的职责。实训教师可以专职，也可以兼职。

5.1.2 学校应建立实训教师队伍建设的制度和措施，有计划地对实训教师进行培训。

5.2 实训师资数量与结构

5.2.1 学校应依据实训教学任务、学生人数合理配置实训教师，每个实训项目不宜少于 2 人。

5.2.2 各院校应努力建设专兼结合的实训教师队伍，专兼职比例宜为 1∶1。

5.3 实训师资能力及水平

5.3.1 学校专任实训教师应熟练掌握相应实训项目的技能，宜具有工程实践经验及相关职业资格证书，具备中级（含中级）以上专业技术职务。

5.3.2 企业兼职实训教师应具备本专业理论知识和实践经验，经过教育理论培训；指导工种实训的兼职教师应具备相应专业技术等级证书，其余兼职教师应具有中级及以上专业技术职务。

附录 A 本导则引用标准

《混凝土结构施工图平面整体表示方法制图规则和构造详图》16G101
《建设工程工程量清单计价规范》GB 50500
《建设工程项目管理规范》GB/T 50326
《建筑施工组织设计规范》GB/T 50502

附录 B 本导则用词说明

为了便于在执行本导则条文时区别对待，对要求严格程度不同的用词说明如下：

1. 表示很严格，非这样做不可的用词：

正面词采用"必须"；反面词采用"严禁"。

2. 表示严格，在正常情况下均应这样做的用词：

正面词采用"应"；反面词采用"不应"或"不得"。

3. 表示允许稍有选择，在条件许可时首先应这样做的用词：

正面词采用"宜"或"可"；反面词采用"不宜"。

2.2 高等职业教育安装造价专业校内实训及校内实训基地建设导则

1 总 则

1.0.1 为了加强和指导高等职业教育安装工程造价专业校内实训教学和实训基地建设，强化学生实践能力，提高人才培养质量，特制定本导则。

1.0.2 本导则依据安装工程造价专业学生的专业能力和知识的基本要求制定，是《高等职业教育工程造价专业教学基本要求》的重要组成部分。

1.0.3 本导则适用于安装工程造价专业校内实训教学和实训基地建设。

1.0.4 本专业校内实训与校外实训应相互衔接，实训基地与相关专业及课程实现资源共享。

1.0.5 安装工程造价专业的校内实训教学和实训基地建设，除应符合本导则外，尚应符合国家现行标准和政策的规定。

2 术　语

2.0.1 实训

在学校控制状态下，按照人才培养规律与目标，对学生进行职业能力训练的教学过程。

2.0.2 基本实训项目

是直接针对本专业的培养目标，且要求必须在校内开设完成的职业能力训练项目。

2.0.3 选择实训项目

与专业培养目标联系紧密，根据学校实际情况，宜在校内开设完成的职业能力训练项目。

2.0.4 拓展实训项目

与专业培养目标相联系，体现专业特色，扩展专业技能，可在校内或校外实训基地开展的职业能力训练项目。

2.0.5 实训基地

实训教学实施的场所，包括校内实训基地和校外实训基地。

2.0.6 共享性实训基地

与其他院校、专业、课程共用的实训基地。

2.0.7 理实一体化教学法

即理论实践一体化教学法，将专业理论课与专业实践课的教学环节进行整合，通过设定的教学任务，实现边教、边学、边做。

3　校内实训教学

3.1　一般规定

3.1.1 安装工程造价专业必须开设本导则规定的基本实训项目，且应在校内完成。

3.1.2 安装工程造价专业应开设本导则规定的选择实训项目，且宜在校内完成。

3.1.3 学校可根据本校专业特色，选择开设拓展实训项目。

3.1.4 实训项目的训练环境宜符合安装工程造价的基本环境。

3.1.5 本章所列实训项目，可根据学校所采用的课程模式、教学模式和实训教学条件，采取理实一体化教学或独立于理论教学进行训练；可按单个项目开展训练或多个项目综合开展训练。

3.2 基本实训项目

3.2.1 本专业的校内基本实训项目应包括安装工程的识图与算量、安装工程量清单计价实训、安装工程造价软件实训、安装工程造价综合实训等。

3.2.2 本专业的基本实训项目应符合附表 2-16 的要求。

安装工程造价专业的基本实训项目　　　　　　　　　　　　附表 2-16

序号	实训名称	能力目标	实训内容	实训方式	评价要求
1	认识实习	能够认识基本安装设备	认识三种以上不同建筑类型的施工工地	参观认识	采用真实的给水排水系统、电力系统作为认识对象，根据学生的实训表现、熟悉程度与掌握程度进行评价
2	建筑安装工程施工操作	认识各种建筑安装工程材料并对常用安装工艺进行操作	（1）管道连接 （2）卫生器具安装 （3）常用阀门安装 （4）电气配管配线 （5）照明器具安装 （6）配电箱安装	实操	根据任务计划完成情况、成果质量、面试等环节确定总评成绩，同时要求学生总结成果并展示
3	建筑水电安装工程预算编制	计算水电安装工程量、直接费、工程造价费用	（1）计算分项工程的工程量 （2）计算分项工程基价 （3）汇总成工程预算总价格	实操	用真实的工程图纸作为编制工程预算对象，根据学生实际操作的完成时间和结果进行评价，操作结果评价应参照相应现行预算定额
4	工程量清单编制	能够完成一般工程的工程量清单编制	编制安装工程工程量清单	实操	用真实的工程图纸作为编制工程预算对象，根据学生实际操作的完成时间和结果进行评价，操作结果应参照相应现行的清单计价、预算定额以及相关的标准图集
5	工程结算编制	能够完成一般工程的工程结算编制	根据已有工程的施工图预算及设计更变、现场签证等资料编写工程结算	实操	用真实的工程图纸作为计算对象，根据学生实际操作的完成时间和结果进行评价，操作结果应参照相应现行的预算定额以及相关的标准图集

序号	实训名称	能力目标	实训内容	实训方式	评价要求
6	安装工程算量与计价软件应用	能够利用造价软件完成一般工程的安装工程工程量计算、施工图预算编制及清单报价编制	(1) 利用造价软件计算建筑水电安装工程量 (2) 利用造价软件编制工程量清单及清单报价	实操	用真实的工程图纸作为计算对象,根据学生实际操作的完成时间和结果进行评价,操作结果应参照相应现行的清单计价规范、预算定额以及相关的标准图集
7	安装工程造价综合实训	能够完成一定规模工程的装饰工程、水电安装工程施工图预算编制、工程量清单报价书编制及工程结算书编制	(1) 编制装饰工程、水电安装工程施工图预算 (2) 编制装饰工程、水电安装工程量清单报价书	实操	用真实的工程图纸作为计算对象,根据学生实际操作的完成时间和结果进行评价,操作结果应参照相应现行的清单计价规范、预算定额及相关的标准图集
8	顶岗实习	实习结束后能达到公司的能力要求	根据招标文件要求,能编制工程量清单及招标控制价	实操	参照公司的技术要求

3.3 选择实训项目

3.3.1 安装工程造价专业的选择实训项目应包括水电安装识图实训、水电安装工程量清单计价实训,共2项。

3.3.2 安装工程造价专业的选择实训项目应符合附表2-17的要求。

安装工程造价专业的选择实训项目　　　　　　　　　　附表2-17

序号	实训名称	能力目标	实训内容	实训方式	评价要求
1	建筑工程计价	能够完整地编制一般工程施工图预算	一般建筑施工图的工程预算	实操	根据建筑施工图预算书的编制过程和结果进行评价
2	市政工程计价	能够完成一般的市政工程施工图预算	根据一般市政工程施工图编写工程预算	实操	根据市政工程预算书的编制过程和结果进行评价

3.4 拓展实训项目

3.4.1 安装工程造价专业可根据本校专业特色和拓展专业技能的需要自主开设拓展实训项目。

3.4.2 安装工程造价专业的选择实训项目应符合附表2-18的要求。

序号	实训名称	能力目标	实训内容	实训方式	评价要求
1	工程招标投标与合同管理	能编制一般工程招标投标文件	一般工程的招标投标文件编制	技术文件编制	根据招标投标文件编制的过程和结果进行评价，编制结果参照国家有关的招标投标文件编制规范
2	建筑安装工程资料管理	能管理一般工程的建设工程技术资料	一般安装工程的施工技术资料	技术文件编制	根据施工技术资料编制过程和结果进行评价
3	建筑工程施工工艺	能够掌握一般的建筑工程施工工艺	一般的建筑工程施工	施工工艺学习	根据建筑工程施工工艺的完成过程和结果进行评价

3.5　实训教学管理

3.5.1　各院校应将实训教学项目列入专业培养方案，所开设的实训项目应符合本导则要求。

3.5.2　每个实训项目应有独立的教学大纲和考核标准。

3.5.3　学生的实训成绩应在学生学业评价中占一定的比例，独立开设且实训时间 1 周及以上的实训项目，应单独记载。

4　校内实训基地

4.1　一般规定

4.1.1　校内实训基地的建设，应符合下列原则和要求：

（1）因地制宜，开拓创新，具有实用性、先进性和效益性，满足学生能力培养的需要；

（2）源于现场、高于现场，尽可能体现真实的职业环境，体现本专业领域的新技术、新工艺、新设备；

（3）实训设备应优先选用工程用设备。

4.1.2　各院校应根据学校区位、行业和专业特点，积极开展校企合作，探索共同建设生产关性实训基地的有效途径，积极探索虚拟工艺、虚拟现场等实训新手段。

4.1.3　各院校应根据区域学校、专业及企业布局情况，统筹规划、建设共享型实训基地，努力实现实训资源共享，发挥实训基地在实训教学、员工培训、技术研发等多方面的作用。

4.2 校内实训基地建设

4.2.1 基本实训项目的实训设备（设施）和实训室（场地）是开设本专业的基本条件，各院校应达到本节要求。

选择实训项目、拓展实训项目在校内完成时，其实训设备（设施）和实训室（场地）应符合本节要求。

4.2.2 安装工程造价专业校内实训基地的场地最小面积、主要设备名称及数量见附表2-19～附表2-29。

注：下表是按照能满足1个教学班实训工位计算实训设备（设施）数量。

认 识 实 习　　　　　　　　　　　　　　　　　　　　　　附表 2-19

序号	实训任务	实训类别	主要实训设备（设施）名称	单位	数量	实训室（场地）面积
1	认识实习	基本实训	在建的施工项目	个	4	不小于 300m²
			建筑施工图	套	10	

安装工程施工工艺操作实训　　　　　　　　　　　　　　　　附表 2-20

序号	实训任务	实训类别	主要实训设备（设施）名称	单位	数量	实训室（场地）面积
1	建筑安装工程施工操作	基本实训	卫生间管道安装操作工位	个	10	不小于 150m²
			电气配管配线操作实训工位	个	10	
			电工操作台	台	10	

建筑水电安装工程预算编制实训　　　　　　　　　　　　　　附表 2-21

序号	实训任务	实训类别	主要实训设备（设施）名称	单位	数量	实训室（场地）面积
1	建筑水电安装工程预算编制	基本实训	建筑水暖电安装施工图	套	10	不小于 100m²
			台式电脑、造价软件	套	60	

工程量清单报表编制实训　　　　　　　　　　　　　　　　　附表 2-22

序号	实训任务	实训类别	主要实训设备（设施）名称	单位	数量	实训室（场地）面积
1	工程量清单报表编制	基本实训	建筑水暖电安装施工图	套	10	不小于 100m²
			台式电脑、造价软件	套	60	

工程结算编制实训　　　　　　　　　　　　　　　　　　　　附表 2-23

序号	实训任务	实训类别	主要实训设备（设施）名称	单位	数量	实训室（场地）面积
1	工程结算编制	基本实训	建筑水暖电安装竣工图、设计变更、签证单	套	10	不小于 100m²
			台式电脑、造价软件	套	60	

安装工程算量与计价软件应用实训

附表 2-24

序号	实训任务	实训类别	主要实训设备（设施）名称	单位	数量	实训室（场地）面积
1	安装工程算量与计价软件应用	基本实训	建筑水暖电安装施工图	套	10	不小于 100m²
			台式电脑	台	60	
			造价软件	套	1	

安装工程造价综合实训

附表 2-25

序号	实训任务	实训类别	主要实训设备（设施）名称	单位	数量	实训室（场地）面积
1	安装工程造价综合实训	基本实训	比较复杂综合楼的建筑水暖电安装施工图	套	10	不小于 100m²
			台式电脑、造价软件	套	60	

建筑工程计价实训

附表 2-26

序号	实训任务	实训类别	主要实训设备（设施）名称	单位	数量	实训室（场地）面积
1	建筑工程计价实训	基本实训	建筑施工图、结构施工图	套	10	不小于 100m²
			台式电脑、造价软件	套	60	

市政工程计价实训

附表 2-27

序号	实训任务	实训类别	主要实训设备（设施）名称	单位	数量	实训室（场地）面积
1	市政工程计价实训	基本实训	市政管道施工图	套	10	不小于 100m²
			台式电脑、造价软件	套	60	

工程招标投标与合同管理实训

附表 2-28

序号	实训任务	实训类别	主要实训设备（设施）名称	单位	数量	实训室（场地）面积
1	工程招标投标与合同管理实训	基本实训	建筑水暖电安装施工图	套	10	不小于 100m²
			台式电脑	台	60	
			工程招标投标模拟实训软件（网络版）	套	1	

建筑安装工程技术资料管理实训

附表 2-29

序号	实训任务	实训类别	主要实训设备（设施）名称	单位	数量	实训室（场地）面积
1	建筑安装工程技术资料管理实训	基本实训	台式电脑	台	60	不小于 100m²
			建筑工程资料管理软件（网络版）	套	1	

4.3 校内实训基地运行管理

4.3.1 学校应设置校内实训基地管理机构，对实践教学资源进行统一规划，有效使用。

4.3.2 校内实训基地应配备专职管理人员，负责日常管理。

4.3.3 学校应建立并不断完善校内实训基地管理制度和相关规定，使实训基地的运行科学有序。探索开发式管理模式，充分发挥校内实训基地在人才培养中的作用。

5 校 外 实 训

5.1 一 般 规 定

5.1.1 校外实训是学生职业能力培养的重要环节，各院校应高度重视，科学实施。

5.1.2 校外实训应以实际工程项目为依托，以实际工作岗位为载体，侧重于学生职业综合能力的培养。

5.2 校 外 实 训 基 地

5.2.1 安装工程造价专业校外实训基地应建立在二级及以上资质的房屋市政工程施工总承包和专业承包企业、乙级及以上工程造价咨询单位。

5.2.2 校外实训基地应能提供与本专业培养目标相适应的职业岗位，并宜对学生实施轮岗实训。

5.2.3 校外实训基地应具备符合学生实训的场所和设施，具备必要的学习及生活条件，并配置专业人员指导学生实训。

5.3 校 外 实 训 管 理

5.3.1 校企双方应签订协议，明确责任，建立有效的实习管理工作制度。

5.3.2 校企双方应有专门机构和专门人员对学生实训进行管理和指导。

5.3.3 校企双方应共同制定学生实训安全制度，采取相应措施保证学生实训安全，学校应为学生购买意外伤害保险。

5.3.4 校企双方应共同成立学生校外实训考核评价机构，共同制定考核评价体系，共同实施校外实训考核评价。

6 实 训 师 资

6.1 一 般 规 定

6.1.1 实训教师应履行指导实训、管理实训学生和对实训进行考核评价的职责。实训教师可以专职，也可以是兼职。

6.1.2 学校应建立实训教师队伍建设的制度和措施，有计划地对实训教师进行培训。

6.2 实训师资数量及结构

6.2.1 学校应依据实训教学任务、学生人数合理配置实训教师，每个实训项目不宜少于2人。

6.2.2 各院校应努力建设专兼结合的实训教师队伍，专兼职比例宜为1∶1。

6.3 实训师资能力及水平

6.3.1 学校专任实训教师应熟练掌握相应实训项目的技能，宜具有工程实践经验及相关职业资格证书，具备中级（含中级）以上专业技术职务。

6.3.2 企业兼职实训教师应具备本专业理论知识和实践经验，经过教育理论培训；指导工种实训的兼职教师应具备相应专业技术等级证书，其余兼职教师应具有中级及以上专业技术职务。

7 校 外 实 训

7.1 一 般 规 定

7.1.1 校外实训是学生职业能力培养的重要环节，各院校应高度重视，科学实施。

7.1.2 校外实训应以实际工程项目为依托，以实际工作岗位为载体，侧重于学生职业综合能力的培养。

7.2 校 外 实 训 基 地

7.2.1 安装工程技术专业校外实训基地应建立在具有较好资质的安装工程施工总承包和专业承包企业。

7.2.2 校外实训基地应能提供本专业培养目标相适应的职业岗位，并宜对学生实施轮岗实训。

7.2.3 校外实训基地应具备符合学生实训的场所和设施，具备必要的学习及生活条件，并配置专业人员指导学生实训。

7.3 校 外 实 训 管 理

7.3.1 校企双方应签订协议，明确责任，建立有效的实习管理工作制度。

7.3.2 校企双方应有专门机构和专门人员对学生实训进行管理和指导。

7.3.3 校企双方应共同制定学生实训安全制度，采取相应措施保证学生实训安全，学校应为学生购买意外伤害保险。

7.3.4 校企双方应共同成立学生校外实训考核评价机构，共同制定考核评价体系，共同实施校外实训考核评价。

附录 A 本导则引用标准

《建设工程施工质量验收统一标准》GB 50300
《建设工程工程量清单计价规范》GB 50500
《通用安装工程工程量计算规范》GB 50856
《市政工程工程量计算规范》GB 50857
《建设工程项目管理规范》GB/T 50326
《建筑给水排水及采暖工程施工质量验收规范》GB 50242
《消防给水及消火栓系统技术规范》GB 50974

附录 B 本导则用词说明

为了便于在执行本导则条文时区别对待，对要求严格程度不同的用词说明如下：

1. 表示很严格，非这样做不可的用词：

正面词采用"必须"；反面词采用"严禁"。

2. 表示严格，在正常情况下均应这样做的用词：

正面词采用"应"；反面词采用"不应"或"不得"。

3. 表示允许稍有选择，在条件许可时首先应这样做的用词：

正面词采用"宜"或"可"；反面词采用"不宜"。

2.3 高等职业教育市政工程造价专业校内实训及校内实训基地建设导则

1 总 则

1.0.1 为了加强和指导高等职业教育市政工程造价专业校内实训教学和实训基地建设，强化学生实践能力，提高人才培养质量，特制定本导则。

1.0.2 本导则依据市政工程造价专业学生的专业能力和知识的基本要求制定，是《高等职业教育工程造价专业教学基本要求》的重要组成部分。

1.0.3 本导则适用于市政工程造价专业校内实训教学和实训基地建设。

1.0.4 本专业校内实训与校外实训应相互衔接，实训基地与相关专业及课程实现资源共享。

1.0.5 市政工程造价专业的校内实训教学和实训基地建设，除应符合本导则外，尚应符合国家现行标准、政策的规定。

2 术 语

2.0.1 实训

在学校控制状态下，按照人才培养规律与目标，对学生进行职业能力训练的教学过程。

2.0.2 基本实训项目

是直接针对本专业的培养目标，且要求必须在校内开设完成的职业能力训练项目。

2.0.3 选择实训项目

与专业培养目标联系紧密，根据学校实际情况，宜在校内开设完成的职业能力训练项目。

2.0.4 拓展实训项目

与专业培养目标相联系，体现专业特色，拓展专业技能，可在校内或校外实训基地开展的职业能力训练项目。

2.0.5 实训基地

实训教学实施的场所，包括校内实训基地和校外实训基地。

2.0.6 共享性实训基地

与其他院校、专业、课程共用的实训基地。

2.0.7 理实一体化教学法

即理论实践一体化教学法，将专业理论课与专业实践课的教学环节进行整合，通过设定的教学任务，实现边教、边学、边做。

3 校 内 实 训 教 学

3.1 一 般 规 定

3.1.1 市政工程造价专业必须开设本导则规定的基本实训项目，且应在校内完成。

3.1.2 市政工程造价专业应开设本导则规定的选择实训项目，且宜在校内完成。

3.1.3 学校可根据本校专业特色，选择开设拓展实训项目。

3.1.4 实训项目的训练环境宜符合市政工程造价的真实环境。

3.1.5 本章所列实训项目，可根据学校所采用的课程模式、教学模式和实训教学条件，采取理实一体化教学或独立于理论教学进行训练；可按单个项目开展训练或多个项目综合开展训练。

3.2 基 本 实 训 项 目

3.2.1 市政工程造价专业的校内基本实训项目应包括市政工程识图与测绘实训、市政工程材料检测实训、市政工程预算实训、市政工程量清单计价实训、市政工程工程结算实训、市政工程 BIM 建（翻）模软件实训、市政工程 BIM 造价软件实训、市政工程造价综合实训共 8 项。

3.2.2 本专业的基本实训项目应符合附表 2-30 的要求。

市政工程造价专业的基本实训项目 附表 2-30

序号	实训名称	能力目标	实训内容	实训方式	评价要求
1	市政工程识图与测绘实训	能够识读市政工程施工图	（1）市政道路工程施工图识读与绘制 （2）市政桥梁工程施工图识读与绘制 （3）市政管道工程施工图识读与绘制	识读问答	采用真实的市政工程施工图纸，参照图纸会审的程序和要求，根据学生读图速度、绘制的准确程度进行综合评价
2	市政工程材料检测实训	能够使用仪器对水泥、沥青材料进行常规检测，能使用筛分仪对集料进行筛分和统计分析，能够对混凝土标准养护	水泥稠度负压筛析仪、水泥净浆搅拌机、电子天平、水泥标准稠度测定仪、混凝土养护箱、沥青延度仪等设备的使用和实操计算	实操	据实训准备、操作过程、团队协作和实训成果完成情况进行综合评价
3	市政工程预算实训	能够依据定额计算市政工程造价	（1）计算分项工程的工程量 （2）计算分项工程基价 （3）汇总成工程预算价格	实操	用真实的市政工程图纸作为编制工程预算对象，根据学生实际操作的完成时间和结果进行评价，操作结果应参照现行预算定额
4	市政工程工程量清单计价实训	能够对市政工程图纸进行工程量清单编制、工程量清单报价和招标控制价编制	（1）市政工程工程量清单编制 （2）市政工程工程量清单编制报价和招标控制价	实操	用真实的市政工程图纸作为编制工程预算对象，根据学生实际操作的完成时间和结果进行评价，操作结果应参照现行清单计价相关规范
5	市政工程工程结算实训	能够完成一般市政工程的工程结算编制	根据已有工程的施工图预算及设计变更、现场签证等资料编写工程结算	实操	用真实的工程图纸作为计算对象，根据实际操作的完成时间和结果进行评价，操作结果应参照相应现行计价规范、计量规范、定额及相关的图集标准

序号	实训名称	能力目标	实训内容	实训方式	评价要求
6	市政工程BIM建（翻）模软件实训	能够利用BIM系列软件对一般市政工程进行BIM建（翻）模	（1）利用BIM系列软件对一般市政工程进行BIM建（翻）模 （2）利用BIM系列软件进行工程量计算	实操	用真实的工程图纸作为计算对象，根据实际操作的完成时间和结果进行评价，操作结果应参照相应现行BIM建模标准、计量规范、定额及相关的图集标准
7	市政工程BIM造价软件实训	能够利用BIM系列软件对一般市政工程进行工程造价计算	（1）利用BIM软件编制工程量清单 （2）利用BIM软件编制招标控制价、投标报价、工程结算编制	实操	用真实的工程图纸作为计算对象，根据实际操作的完成时间和结果进行评价，操作结果应参照相应现行计价规范、定额及相关的图集标准
8	市政工程造价综合实训	能够利用软件完成一定规模的市政道路、市政桥涵、市政管道的施工图预算编制、工程量清单报价书编制、招标控制价编制、工程结算编制	（1）利用软件编制市政道路、市政桥涵、市政管道施工图预算 （2）利用软件编制市政道路、市政桥涵、市政管道的工程量清单 （3）利用软件编制市政道路、市政桥涵、市政管道的招标控制价、投标报价 （4）利用软件编制市政道路、市政桥涵、市政管道的工程结算	实操	用真实的工程图纸作为计算对象，根据实际操作的完成时间和结果进行评价，操作结果应参照相应现行计价规范、定额及相关的图集标准

3.3 选择实训项目

3.3.1 市政工程造价专业的选择实训项目应包括水电安装识图实训、水电安装工程量清单计价实训，共2项。

3.3.2 市政工程造价专业的选择实训项目应符合附表2-31的要求。

市政工程造价专业的选择实训项目　　　　　　　　　　附表2-31

序号	实训项目	能力目标	实训内容	实训方式	评价要求
1	水电安装工程识图实训	能够识读水电安装工程施工图	（1）给水工程施工图识读 （2）排水工程施工图识读	识读问答	采用真实的市政工程施工图纸，参照图纸会审的程序和要求，根据学生读图速度、领会的正确程度、回答问题的深入程度进行综合评价

序号	实训项目	能力目标	实训内容	实训方式	评价要求
2	水电安装工程量清单计价实训	能够对水电安装工程图纸进行工程量清单编制、工程量清单报价（或招标控制价）编制	（1）水电安装工程工程量清单编制 （2）水电安装工程工程量清单编制报价和招标控制价	实操	根据学生实际操作的工艺过程、完成时间和实体符合相应规范的程度进行综合评价

3.4 拓 展 实 训 项 目

3.4.1 市政工程造价专业可根据本校专业特色和拓展专业技能的需要自主开设拓展实训项目。

3.4.2 市政工程造价专业可开设市政工程招标投标与合同管理实训、市政工程钢筋工程量计算实训、市政工程测量实训，共 3 项拓展实训项目。

3.4.3 市政工程造价专业的选择实训项目应符合附表 2-32 的要求。

市政工程造价专业的拓展实训项目　　　　　　　　附表 2-32

序号	实训项目	能力目标	实训内容	实训方式	评价要求
1	市政工程招标投标与合同管理实训	能够编制市政工程招标投标文件	（1）招标文件编制 （2）投标文件编制	技术文件编制	采用真实的市政工程案例背景，根据学生编制招标投标文件的完整性、熟悉程度进行综合评价
2	市政工程钢筋工程量计算实训	能独立计算市政工程钢筋工程量	（1）道路钢筋工程量计算 （2）桥梁钢筋工程量计算 （3）管道钢筋工程量计算	实操	采用真实的市政工程图纸作为编制对象，根据学生实际操作的完成时间和结果进行评价，操作结果应参照现行相关清单计价规范
3	市政工程测量实训	能够用普通测量仪器对市政工程进行控制测量和测量放样	经纬仪、水准仪、全站仪的使用和实操计算	实操	根据实训准备、操作过程、团队协作和测量成果完成情况进行综合评价

3.5 实 训 教 学 管 理

3.5.1 各院校应将实训教学项目列入专业培养方案，所开设的实训项目应符合本导则要求。

3.5.2 每个实训项目应有独立的教学大纲和考核标准。

3.5.3 学生的实训成绩应在学生学业评价中占一定的比例，独立开设且实训时间1周及以上的实训项目，应单独记载成绩。

4 校 内 实 训 基 地

4.1 一 般 规 定

4.1.1 校内实训基地的建设，应符合下列原则和要求：

（1）因地制宜、开拓创新，具有实用性、先进性和效益性，满足学生职业能力培养的需要；

（2）源于现场、高于现场，尽可能体现真实的职业环境，体现本专业领域新材料、新技术、新工艺、新设备；

（3）实训设备应优先选用工程用设备。

4.1.2 各院校应根据学校区位、行业和专业特点，积极开展校企合作，探索共同建设生产性实训基地的有效途径，积极探索虚拟工艺、虚拟现场等实训新手段。

4.1.3 各院校应根据区域学校、专业及企业布局情况，统筹规划、建设共享型实训基地，努力实现实训资源共享，发挥实训基地在实训教学、员工培训、技术研发等多方面的作用。

4.2 校内实训基地建设

4.2.1 基本实训项目的实训设备（设施）和实训室（场地）是开设本专业的基本条件，各院校应达到本节要求。

选择实训项目、拓展实训项目在校内完成时，其实训设备（设施）和实训室（场地）应符合本节要求。

4.2.2 市政工程造价专业校内实训基地的场地最小面积、主要设备名称及数量见附表2-33～附表2-45。

注：本导则按照1个教学班实训计算实训设备（设施）。

市政工程识图与绘制实训设备配置标准 　　　　　附表 2-33

序号	实训任务	实训类别	主要实训设备（设施）名称	单位	数量	实训室（场地）面积
1	市政工程识图与绘制实训	基本实训	市政道路工程施工图、市政桥梁工程施工图、市政管道工程施工图	套	各50	不小于70m²

序号	实训任务	实训类别	主要实训设备（设施）名称	单位	数量	实训室（场地）面积
1	砂石材料试验实训	基本实训	试件加工设备	套	2	不小于80m²
			天平	个	8	
			烘箱	个	2	
			游标卡尺	个	8	
			石蜡及熔蜡设备	套	8	
			压力试验机	台	2	
			干燥器	个	8	
			台秤	个	8	
			标准筛	套	8	
			摇筛机	台	2	
			振动台	台	2	
			压力机	台	2	
2	石灰和稳定土实验	基本实训	筛子	个	8	不小于80m²
			烘箱	台	2	
			干燥器	台	2	
			称量瓶	个	8	
			分析天平	台	8	
			架盘天平	台	8	
			电炉（1500W）	个	2	
			滴定台及滴定管夹	套	8	
			圆孔筛	个	8	
3	水泥检测实训	基本实训	负压筛析仪	台	2	不小于80m²
			水泥净浆搅拌机	台	2	
			标准法维卡仪	台	8	
			沸煮箱	台	2	
			湿气养护箱	台	1	
			行星式胶砂搅拌机	单位	2	
			水泥胶砂振实台	台	2	
			水泥抗折强度试验机	台	2	
			水泥抗压强度试验机	台	2	
4	混凝土集料检测实训	基本实训	砂石方孔筛	套	8	不小于80m²
			鼓风烘箱	台	1	
			摇筛机	台	2	
5	水泥混凝土试配与检测实训	基本实训	坍落度筒及其捣棒	套	8	室外场地不小于200m²；混凝土养护实训室不小于50m²；强度检测利用学院力学实训室
			混凝土试模	组	8	
			混凝土恒温恒湿养护箱	台	1	
			压力试验机	台	1	

序号	实训任务	实训类别	主要实训设备（设施）名称	单位	数量	实训室（场地）面积
6	建筑砂浆试验实训	基本实训	砂浆稠度测定仪	台	2	不小于 80m²
			分层度测定仪	台	2	
			压力试验机	台	1	
7	沥青材料实训	基本实训	针入度测定仪	台	1	不小于 80m²
			标准针、沥青延度仪	台	1	
			模具	套	2	
			软化点试验仪	台	1	
			弗拉斯脆点仪	台	2	
			道路沥青标准黏度计	台	2	
			恒温水箱	个	1	
8	沥青混合料试验实训	基本实训	标准击实仪	台	1	不小于 80m²，室外场地不小于 200m²
			标准击实台	个	1	
			实验室用沥青混合料拌合机	台	1	
			脱模器	台	1	
			沥青混合料马歇尔试验仪	台	1	
			车辙试验机	台	1	
			离心抽提仪	台	1	
9	钢筋检测实训	基本实训	万能材料试验机	台	1	利用学院力学实训室进行检测
			钢筋打点机	台	1	
			游标卡尺	个	8	

市政工程预算实训设备配置标准　　　　　　　　　　　附表 2-35

序号	实训任务	实训类别	主要实训设备（设施）名称	单位	数量	实训室（场地）面积
1	市政工程预算实训	基本实训	道路工程施工图、桥梁工程施工图、管道工程施工图	套	各 50	不小于 70m²

市政工程量清单计价实训设备配置标准　　　　　　　　附表 2-36

序号	实训任务	实训类别	主要实训设备（设施）名称	单位	数量	实训室（场地）面积
1	市政工程量清单计价实训	基本实训	道路工程施工图、桥梁工程施工图、管道工程施工图	套	各 50	不小于 70m²

市政工程工程结算实训设备配置标准　　　　　　　　　附表 2-37

序号	实训任务	实训类别	主要实训设备（设施）名称	单位	数量	实训室（场地）面积
1	市政工程工程结算实训	基本实训	招标投标文件、道路工程施工图、桥梁工程施工图、管道工程施工图、设计变更单、签证单等	套	各 50	不小于 70m²

市政工程 BIM 建（翻）模软件实训设备配置标准 附表 2-38

序号	实训任务	实训类别	主要实训设备（设施）名称	单位	数量	实训室（场地）面积
1	市政工程 BIM 建（翻）模软件实训	基本实训	计算机	台	50	不小于100m²
			市政工程 BIM 建模软件（网络版 50 节点）	套	1	
			道路工程施工图、桥梁工程施工图、排水工程施工图	套	各 50	

市政工程 BIM 造价软件实训设备配置标准 附表 2-39

序号	实训任务	实训类别	主要实训设备（设施）名称	单位	数量	实训室（场地）面积
1	市政工程 BIM 造价软件实训	基本实训	计算机	台	50	不小于100m²
			市政工程 BIM 计价软件（网络版 50 节点）	套	1	
			道路工程施工图、桥梁工程施工图、排水工程施工图	套	各 50	

市政工程造价综合实训设备配置标准 附表 2-40

序号	实训任务	实训类别	主要实训设备（设施）名称	单位	数量	实训室（场地）面积
1	市政工程造价综合实训	基本实训	计算机	台	50	不小于100m²
			市政工程计价软件（网络版 50 节点）（BIM 建模软件）	套	1	
			招标投标文件、道路工程施工图、桥梁工程施工图、管道工程施工图、设计变更单、签证单等	套	各 50	

水电安装工程施工识图实训设备配置标准 附表 2-41

序号	实训任务	实训类别	主要实训设备（设施）名称	单位	数量	实训室（场地）面积
1	水电安装工程施工识图实训	选择实训	强电施工图、弱电施工图、给水施工图、排水施工图	套	各 50	不小于70m²

水电安装工程工程量清单计价实训设备配置标准 附表 2-42

序号	实训任务	实训类别	主要实训设备（设施）名称	单位	数量	实训室（场地）面积
1	水电安装工程工程量清单计价实训	选择实训	强电施工图、弱电施工图、给水施工图、排水施工图	套	各 50	不小于70m²

市政工程招标投标与合同管理实训设备配置标准　　　　附表2-43

序号	实训任务	实训类别	主要实训设备（设施）名称	单位	数量	实训室（场地）面积
1	市政工程招标投标与合同管理实训	拓展实训	计算机	台	50	不小于100m²
			市政工程管理软件（网络版50节点）	套	1	
			道路工程施工图、桥梁工程施工图、排水工程施工图	套	各50	

市政工程钢筋工程量计算实训设备配置标准　　　　附表2-44

序号	实训任务	实训类别	主要实训设备（设施）名称	单位	数量	实训室（场地）面积
1	市政工程钢筋工程量计算实训	拓展实训	道路工程施工图、桥梁工程施工图、排水工程施工图	套	各50	不小于70m²

市政工程测量实训设备配置标准　　　　附表2-45

序号	实训任务	实训类别	主要实训设备（设施）名称	单位	数量	实训室场地面积
1	市政工程测量	拓展实训	光学经纬仪（DJ₆型）	套	10	不小于200m²
			微倾式水准仪（DS₃型）	套	4	
			自动安平水准仪（DS₃型）	套	10	
			双面水准尺	对	10	
			全站仪（2″）（每套含2个单棱镜组、2个棱镜基座、3个脚架等）	套	5	
			实时动态测量（RTK）（1参考站＋3流动站）	套	2	

4.3　校内实训基地运行管理

4.3.1 学校应设置校内实训基地管理机构，对实践教学资源进行统一规划，有效使用。

4.3.2 校内实训基地应配备专职管理人员，负责日常管理。

4.3.3 学校应建立并不断完善校内实训基地管理制度和相关规定，使实训基地的运行科学有序，探索开放式管理模式，充分发挥校内实训基地在人才培养中的作用。

4.3.4 学校应定期对校内实训基地设备进行检查和维护，保证设备的正常安全运行。

4.3.5 学校应有足额资金投入，保证校内实训基地的运行和设施更新。

4.3.6 学校应建立校内实训基地考核评价制度，形成完整的校内实训基地考评体系。

5 实 训 师 资

5.1 一 般 规 定

5.1.1 实训教师应履行指导实训、管理实训学生和对实训进行考核评价的职责。实训教师可以专职、也可以兼职。

5.1.2 学校应建立实训教师队伍建设的制度和措施，有计划对实训教师进行培训。

5.2 实训师资数量及结构

5.2.1 学校应依据实训教学任务、学生人数合理配置实训教师，每个实训项目不宜少于2人。

5.2.2 各院校应努力建设专兼结合的实训教师队伍，专兼职比例宜为1∶1。

5.3 实训师资能力及水平

5.3.1 学校专任实训教师应熟练掌握相应实训项目的技能，宜具有工程实践经验及相关职业资格证书，具备中级以上（含中级）专业技术职务。

5.3.2 企业兼职实训教师应具备本专业理论知识和实践经验，经过教育理论培训；指导工种实训的兼职教师应具备相应专业技术等级证书，其余兼职教师应具有中级及以上专业技术职务。

6 校 外 实 训

6.1 一 般 规 定

6.1.1 校外实训是学生职业能力培养的重要环节，各院校应高度重视，科学实施。

6.1.2 校外实训应以实际工程项目为依托，以实际工作岗位为载体，侧重于学生职业综合能力的培养。

6.2 校 外 实 训 基 地

6.2.1 市政工程造价专业校外实训基地应建立在二级及以上资质的市政工程施工总承包和专业承包企业、乙级及以上工程造价咨询单位。

6.2.2 校外实训基地应能提供与本专业培养目标相适应的职业岗位，并宜对学生实施轮岗实训。

6.2.3 校外实训基地应具备符合学生实训的场所和设施，具备必要的学习及生活条件，并配置专业人员指导学生实训。

6.3 校外实训管理

6.3.1 校企双方应签订协议，明确责任，建立有效的实习管理工作制度。

6.3.2 校企双方应有专门机构和专门人员对学生实训进行管理和指导。

6.3.3 校企双方应共同制定学生实训安全制度，采取相应措施保证学生实训安全，学校应为学生购买意外伤害保险。

6.3.4 校企双方应共同成立学生校外实训考核评价机构，共同制定考核评价体系，共同实施校外实训考核评价。

附录 A 本导则引用标准

《建筑工程施工质量验收统一标准》GB 50300

《混凝土结构工程施工质量验收规范》GB 50204

《砌体结构工程施工质量验收规范》GB 50203

《建设工程工程量清单计价规范》GB 50500

《房屋建筑与装饰工程工程量计算规范》GB 50854

《通用安装工程工程量计算规范》GB 50856

《市政工程工程量计算规范》GB 50857

《建设工程项目管理规范》GB/T 50326

《建筑施工组织设计规范》GB/T 50502

《市政工程工程量计算规范》GB 50857

附录 B 本导则用词说明

为了便于在执行本导则条文时区别对待，对要求严格程度不同的用词说明如下：

1. 表示很严格，非这样做不可的用词：

正面词采用"必须"；反面词采用"严禁"。

2. 表示严格，在正常情况下均应这样做的用词：

正面词采用"应"；反面词采用"不应"或"不得"。

3. 表示允许稍有选择，在条件许可时首先应这样做的用词：

正面词采用"宜"或"可"；反面词采用"不宜"。

2.4 高等职业教育园林工程造价专业校内实训及校内实训基地建设导则

1 总 则

1.0.1 为了加强和指导高等职业教育园林工程造价专业校内实训教学和实训基地建设，强化学生实践能力，提高人才培养质量，特制定本导则。

1.0.2 本导则依据园林工程造价专业学生的专业能力和知识的基本要求制定，是《高等职业教育工程造价专业教学基本要求》的重要组成部分。

1.0.3 本导则适用于园林工程造价专业校内实训教学和实训基地建设。

1.0.4 本专业校内实训与校外实训应相互衔接，实训基地与相关专业及课程实现资源共享。

1.0.5 园林工程造价专业的校内实训教学和实训基地建设，除应符合本导则外，尚应符合国家现行标准、政策的规定。

2 术 语

2.0.1 实训

在学校控制状态下，按照人才培养规律与目标，对学生进行职业能力训练的教学过程。

2.0.2 基本实训项目

与专业培养目标联系紧密，且学生必须在校内完成的职业能力训练项目。

2.0.3 选择实训项目

与专业培养目标联系紧密，应当开设，但可根据学校实际情况选择在校内或校外完成的职业能力训练项目。

2.0.4 拓展实训项目

与专业培养目标相联系，体现学校和专业发展特色，可在学校开展的职业能力训练项目。

2.0.5 实训基地

实训教学实施的场所，包括校内实训基地和校外实训基地。

2.0.6 共享性实训基地

与其他院校、专业、课程共用的实训基地。

2.0.7 理实一体化教学法

即理论实践一体化教学法，将专业理论课与专业实践课的教学环节进行整合，通过设定的教学任务，实现边教、边学、边做。

3 校 内 实 训 教 学

3.1 一 般 规 定

3.1.1 园林工程造价专业必须开设本导则规定的基本实训项目，且应在校内完成。

3.1.2 园林工程造价专业应开设本导则规定的选择实训项目，且宜在校内完成。

3.1.3 学校可根据本校专业特色，选择开设拓展实训项目。

3.1.4 实训项目的训练环境宜符合园林工程造价工作的真实环境，营造浓厚的企业氛围。

3.1.5 本章所列实训项目，可根据学校所采用的课程模式、教学模式和实训教学条件，采取理实一体化教学或独立于理论教学进行训练；可按单个项目开展训练或多个项目综合开展训练。

3.2 基 本 实 训 项 目

3.2.1 本专业的校内基本实训项目应包括园林植物识别实训、园林测量实训、园林工程施工实训、园林建筑施工实训、建筑与装饰材料识别实训、园林工程造价专业单项实训、园林工程造价专业综合实训、毕业设计等8项。

3.2.2 本专业的基本实训项目应符合附表2-46的要求。

园林工程造价专业的基本实训项目　　　　　　　　附表2-46

1. 校内实训条件

序号	实训项目	能力目标	实训内容	实训方式	评价要求
1	园林植物识别实训	（1）识别常用的园林植物，掌握园林植物的生态习性；掌握常用园林植物的分类方法 （2）掌握园林植物的观赏特性与识别鉴定特征；正确理解园林植物配置原则、形式和艺术效果，园林植物的布局手法 （3）正确理解园林植物栽植原理和养护管理知识	鉴别常用的植物	实操	① 学生在规定的时间内准确鉴别 ② 现场实际植物识别

序号	实训项目	能力目标	实训内容	实训方式	评价要求
2	园林测量实训	（1）能够正确操作水准仪、经纬仪、钢尺和全站仪，进行高程测量、角度测量、距离测量和坐标测量 （2）能够利用常用测量仪器和工具进行平面位置和高程位置的放样，具有计算和准备放样数据的能力，具有建筑施工测量的能力	1）钢尺、水准仪、经纬仪和全站仪的操作 2）高程测量、角度测量、距离测量和坐标测量 3）建筑物定位测设	实操	① 实训成果的正确性、完整性与规范性 ② 实训的过程表现
3	园林工程施工实训	（1）熟练掌握园林各分部工程施工方法 （2）掌握园林工程管理流程	种植 5 株乔灌木；铺种 50m² 草坪	实操	① 根据栽植效果和操作规范性评价 ② 成活率评价
4	园林建筑施工实训	熟练掌握建筑小品建造过程	建造模型亭等	实操	根据建造效果和操作规范性评价
5	园林工程造价专业单项实训	能准确套用计价定额和准确计算工程量	施工图纸	实操	根据规定时间内实际编制成果准确性来评价
6	园林工程造价专业综合实训	能准确套用计价定额和准确计算工程量	施工图纸	实操	根据规定时间内实际编制成果准确性来评价
7	建筑与装饰材料识别实训	能准确地辨认建筑材料和装饰材料	广场砖、大理石等	实操	① 学生在规定的时间内准确鉴别 ② 现场实际识别园林工程装饰材料

3.3 选 择 实 训 项 目

3.3.1 园林工程造价专业的选择实训项目应包括专业普通测量实训、工程资料收集实训。

3.3.2 园林工程造价专业的选择实训项目应符合附表 2-47 的要求。

园林工程造价专业的选择实训项目 附表 2-47

序号	实训名称	能力目标	实训内容	实训方式	评价要求
1	普通测量实训	能用普通测量仪器对一般场地及建筑工程进行测量放线	经纬仪、水准仪的使用和施工测量	实操	根据实训准备、操作过程和完成结果进行评价
2	工程资料收集实训	能进行工程基础资料的收集整理	（1）施工图识读与现场踏勘 （2）招投标文件收集 （3）合同、决算等资料的分析	实操	根据学生实际操作的过程、完成时间和结果进行评价

3.4 拓 展 实 训 项 目

3.4.1 园林工程造价专业可根据本校专业特色，自主开设拓展实训项目。

3.4.2 园林工程造价专业开设园林工程投标报价实训等拓展实训项目时，其能力目标、实训内容、实训方式、评价要求宜符合附表 2-48 的要求。

园林工程造价专业的拓展实训项目 　　　　　　　　　　附表 2-48

序号	实训名称	能力目标	实训内容	实训方式	评价要求
1	编制园林工程投标报价实训	能熟练应用说学知识编制园林工程综合项目投标报价	（1）编制单位工程报价 （2）编制单项工程报价	实操	根据学生实际操作的完成时间、准确度和结果及团队合作能力进行综合评价

3.5 实 训 教 学 管 理

3.5.1 各院校应将实训教学项目列入专业培养方案，所开设的实训项目应符合本导则要求。

3.5.2 每个实训项目应有独立的教学大纲和考核标准。

3.5.3 学生的实训成绩应在学生学业评价中占一定的比例，独立开设且实训时间 1 周及以上的实训项目，应单独记载成绩。

4 校 内 实 训 基 地

4.1 一 般 规 定

4.1.1 校内实训基地的建设，应符合下列原则和要求：

（1）因地制宜、开拓创新，具有实用性、先进性和效益性，满足学生职业能力培养的需要；

（2）源于现场、高于现场，尽可能体现真实的职业环境，体现本专业领域新材料、新技术、新工艺、新设备；

（3）实训设备应优先选用工程用设备。

4.1.2 各院校应根据学校区位、行业和专业特点，积极开展校企合作，探索共同建设生产型实训基地的有效途径，积极探索虚拟现场等实训新手段。

4.1.3 各院校应根据区域学校、专业以及企业布局情况，统筹规划、建设共享型实训基地，努力实现实训资源共享，发挥实训基地在实训教学、员工培训、技术研发等多方面的作用。

4.2 校内实训基地建设

4.2.1 基本实训项目的实训设备（设施）和实训室（场地）是开设本专业的基本条件，各院校应达到本节要求。选择实训项目、拓展实训项目在校内完成时，其实训设备（设施）和实训室（场地）应符合本节要求。

4.2.2 园林工程造价专业校内实训基地的场地最小面积、主要设备名称及数量见表附表2-49～附表2-54。

注：本导则按照1个教学班实训计算实训设备（设施）。

测量实训设备配置标准 附表 2-49

序号	实训任务	实训类别	主要实训设备（设施）名称	单位	数量	实训室（场地）面积
1	测量实训	选择实训	普通经纬仪 DJ$_6$	套	10	不小于 500m²
			普通水准仪 DS$_3$	台	10	
			经纬仪 J$_{6E}$	台	10	
			激光垂准仪 DZJ$_2$	台	2	
			自动安平水准仪 DSZ$_2$	台	3	
			电子经纬仪 DJD2A	台	3	
			精密经纬仪 J2-2	台	3	
			精密水准仪	台	3	
			皮尺	个	15	

园林工程量清单编制实训 附表 2-50

序号	实训任务	实训类别	主要设备（设备名称）	单位	数量	实训室面积
1	工程量清单编制	基本实训	园林工程施工图	套	50	不小于 500m²

园林工程量清单报价编制实训 附表 2-51

序号	实训任务	实训类别	主要设备（设备名称）	单位	数量	实训室面积
1	工程量清单报价编制	基本实训	园林工程施工图	套	50	不小于 500m²

园林工程结算编制实训 附表 2-52

序号	实训任务	实训类别	主要设备（设备名称）	单位	数量	实训室面积
1	园林工程结算编制	基本实训	园林工程施工图、设计变更、签证等	套	50	不小于 500m²

造价计量、计价软件应用实训 附表 2-53

序号	实训任务	实训类别	主要设备（设备名称）	单位	数量	实训室面积
1	造价计量、计价软件应用实训	基本实训	园林工程施工图	套	50	不小于 500m²
			计算机	台	50	
			造价软件（网络版）	套	1	

序号	实训任务	实训类别	主要设备（设备名称）	单位	数量	实训室面积
1	园林工程造价综合实训	基本实训	园林工程施工图、设计变更、签证等	套	50	不小于 $500m^2$

4.3　校内实训基地运行管理

4.3.1 学校应设置校内实训基地管理机构，对实践教学资源进行统一规划，有效使用。

4.3.2 校内实训基地应配备专职管理人员，负责日常管理。

4.3.3 学校应建立并不断完善校内实训基地管理制度和相关绩效评价规定，使实训基地的运行科学有序，探索开放式管理模式，充分发挥校内实训基地在人才培养中的作用。

4.3.4 学校应定期对校内实训基地设备进行检查和维护，保证设备的正常安全运行。

4.3.5 学校应有足额资金的投入，保证校内实训基地的运行和设施更新。

4.3.6 学校应建立校内实训基地考核评价制度，形成完整的校内实训基地考评体系。

5　实　训　师　资

5.1　一　般　规　定

5.1.1 实训教师应履行指导实训、管理实训学生和对实训进行考核评价的职责。实训教师可以专职、也可以兼职。

5.1.2 学校应建立实训教师队伍建设的制度和措施，有计划地对实训教师进行培训。

5.2　实训师资数量及结构

5.2.1 学校应依据实训教学任务、学生人数合理配备实训教师，每个实训项目不宜少于2人。

5.2.2 各院校应努力建设专兼结合的实训教师队伍，专兼职比例宜为1：1。

5.3　实训师资能力及水平

5.3.1 学校专任实训教师应熟练掌握相应实训项目的技能，宜具有工程实践经验及相关职业资格证书，具备中级以上（含中级）专业技术职务。

5.3.2 企业兼职实训教师应具备本专业理论知识和实践经验，经过教育理论培训；指导工种实训的兼职教师应具备相应专业技术等级证书，其余兼职教师应具有中级及以上专业技术职务。

附录 A 本导则用词说明

为了便于在执行本导则条文时区别对待，对要求严格程度不同的用词说明如下：

1. 表示很严格，非这样做不可的用词：

正面词采用"必须"；反面词采用"严禁"。

2. 表示严格，在正常情况下均应这样做的用词：

正面词采用"应"，反面词采用"不应"或"不得"。

3. 表示允许稍有选择，在条件许可时首先应这样做的用词：

正面词采用"宜"或"可"；反面词采用"不宜"。

附录 3

高等职业教育工程造价专业顶岗实习标准

3.1　高等职业教育建筑工程造价专业顶岗实习标准

1　总　　则

1.0.1　为了推动工程造价专业校企合作、工学结合人才培养模式改革，保证顶岗实习效果，提高人才培养质量，特制定本标准。

1.0.2　本标准依据工程造价专业学生的专业能力和知识的基本要求制定，是《高等职业教育工程造价专业教学基本要求》的重要组成部分。

1.0.3　本标准是学校组织实施工程造价专业顶岗实习的依据，也是学校、企业合作建设工程造价专业顶岗实习基地的标准。

1.0.4　工程造价专业顶岗实习应达到的培养目标和教学要求

（1）遵纪守法、实事求是、不编制虚假造价文件。

（2）勤奋敬业、细致认真、精益求精工作作风。

（3）会编制建筑安装施工图预算、工程量清单、投标报价、工程结算。

（4）按照国家保密法要求不泄密有保密要求的图纸资料。

（5）培养谦虚谨慎、戒骄戒躁、团队合作的能力。

1.0.5　工程造价专业顶岗实习，除应执行本标准外，尚应执行《工程造价专业教学基本要求》的有关规定。

2　术　　语

2.0.1　顶岗实习

指职业院校根据专业培养目标要求，组织学生以准员工的身份进入企（事）业等单位专业对口的工作岗位，直接参与实际工作过程，完成一定工作任务，以获得初步的岗位工作经验、养成正确职业素养的一种实践性教学形式。

2.0.2　顶岗实习基地

指具有独立法人资格，具备接收一定数量学生顶岗实习的条件，愿意接纳顶岗实习，并与学校具有稳定合作关系的企（事）业等单位。

2.0.3　实习经费

实习经费包括由学校和企业支出的两部分费用。学校支出费用主要是指配备指导教师和管理学生发生的各项费用；企业支出费用主要是指为顶岗实习学生提供实习条件和配备指导教师发生的各项费用。

2.0.4　指导教师

指导教师包括企业指导教师和学校指导教师，是指学生在顶岗实习阶段根据培养目标要求配置的专业教师。

3 实 习 基 地 条 件

3.1 一 般 规 定

3.1.1 学校应建立稳定的顶岗实习基地。顶岗实习基地应建立在符合顶岗实习条件的具有独立法人资格、自愿接纳顶岗实习学生的施工、房地产、造价咨询、工程管理咨询等企事业单位。

3.1.2 顶岗实习基地应具备以下基本条件：

　1 有专门的实习管理机构和管理人员。

　2 有健全的实习管理制度。

　3 有完备的劳动安全保障和职业卫生条件。

3.1.3 顶岗实习基地应有完善的任务书和指导书：

　1 有按专业培养方案要求制定的顶岗实习的任务书。

　2 有按与职业资格工作内容相结合的岗位工作指导书。

3.2 资 质 与 资 信

3.2.1 实习基地应具有建筑安装工程总承包二级及以上资质的施工企业；国家乙级及以上的工程造价资质咨询企业；国家乙级及以上的招标代理企业、工程项目管理企业、工程监理企业。

3.2.2 实习基地的企事业单位应具有良好的银行信誉、工程质量信誉和社会信誉。

3.3 场 地 与 设 施

3.3.1 实训场地

1 具有两万平方米及以上建筑面积的工程项目部。

2 具有可以提供 10 人及以上独立承揽工程的分公司及以上施工企业。

3 具有可以提供 10 人及以上工程造价咨询、工程项目管理、招标代理企业。

3.3.2 实训设施

1 企业有建筑市场主流使用的工程造价计量与计价软件。

2 企业可以提供建筑、装饰、安装、钢筋等工程量计算软件运行的计算机 10 台。

3 企业备有常用的建筑工程、装饰工程、安装工程的国家标准图集和建设工程所在地的标准图集。

3.4 岗 位 与 人 员

3.4.1 学生主要在造价员岗位实习。

3.4.2 每个企业应接收 10 人及以上的实习学生。

4 实习内容与实施

4.1 一 般 规 定

4.1.1 学校应根据顶岗实习内容及企业的具体情况选择适宜的工程项目。

4.1.2 顶岗实习的内容和时间安排应与专项技能实训、综合实训有机衔接。

4.1.3 顶岗实习应包括施工图概预算编制、工程量清单编制、清单报价编制、工程结算编制等工作，并宜包括招标投标文件编制、工程资料管理等工作。

4.2 实 习 时 间

4.2.1 顶岗实习时间不应少于一学期，宜安排在第六学期进行。各学校宜利用假期等适当延长顶岗实习时间。

4.2.2 施工图预算、工程量清单报价工作实习时间不宜少于 8 周；工程结算工作实习不宜少于 4 周；其余实习岗位不宜少于 4 周。

4.3 实 习 内 容 及 要 求

4.3.1 施工图预算（概算）编制实习内容及要求

施工图预算（概算）编制实习内容及要求　　　　　附表 3-1

序号	实习项目	实习内容	实习目标	实习要求
1	施工图（概）预算编制	（1）熟悉工程所在地的计价定额和费用定额 （2）熟悉工程所在地的人工、材料、机械台班单价 （3）根据初步设计施工图、概算（预算）定额和地区费用定额编制设计概算 （4）根据施工图和预算定额，计算定额工程量；根据定额工程量、地区预算定额、地区材料单价、地区施工机具单价和费用定额，计算分部分项工程费、措施项目费、其他项目费、规费和税金	（1）遵守《中华人民共和国招标投标法》、《中华人民共和国建筑法》，执行《建设工程工程量清单计价规范》、《房屋建筑与装饰工程工程量计算规范》、《通用安装工程工程量计算规范》编制造价文件 （2）掌握编制设计概算的技能 （3）掌握编制施工图预算的技能 （4）能按照国家保密法要求不泄密有保密要求的图纸资料 （5）能吃苦耐劳、勤奋敬业、细致认真、精益求精地完成实习任务 （6）能遵守实习单位的各项纪律和规定 （7）不接收利益方的招待和财物 （8）实事求是，不弄虚作假 （9）虚心好学，团结同事，培养自己的团队合作能力	（1）与实习单位签订安全、保密协议 （2）基本任务是每人独立编制工程造价 300 万及以上的设计概算或施工图预算 （3）拓展任务是按照实习单位下达的实战要求，完成编制施工图预算的部分工作 （4）每个实习点由 2～3 名学生组成实习小组 （5）每个实习点配置 1～2 名实习单位的指导教师 （6）每 10 个实习点配置 1～2 名学校指导教师

4.3.2 投标报价编制实习内容及要求

投标报价编制实习内容及要求　　　　　　　　　　　　　　　　　　　　　　　　附表 3-2

序号	实习项目	实习内容	实习目标	实习要求
2	工程量清单及投标报价编制	（1）熟悉工程所在地的计价定额和费用定额 （2）熟悉工程所在地的人工、材料、机械台班市场单价 （3）熟悉招标文件的编制内容 （4）熟悉《建设工程工程量计算规范》、《房屋建筑与装饰工程工程量计算规范》、《通用安装工程工程量计算规范》的内容 （5）熟悉招标工程量清单的编制内容 （6）熟悉编制拟建工程招标控制价、投标报价的程序	（1）遵守《中华人民共和国招标投标法》、《中华人民共和国建筑法》，执行《建设工程工程量清单计价规范》、《房屋建筑与装饰工程工程量计算规范》，《通用安装工程工程量计算规范》编制造价文件 （2）掌握编制建筑工程和装饰工程招标控制价、投标报价的技能。 （3）掌握编制安装工程招标控制价、投标报价的技能 （4）掌握人工单价、机械台班单价、材料单价编制方法 （5）掌握综合单价编制方法 （6）掌握措施项目费计算方法 （7）掌握其他项目费计算方法 （8）掌握规费和税金计算方法 （9）能按照国家保密法要求不泄密有保密要求的图纸资料 （10）能吃苦耐劳、勤奋敬业、细致认真、精益求精地完成实习任务 （11）能遵守实习单位的各项纪律和规定 （12）不接收利益方的招待和财物 （13）实事求是，不弄虚作假 （14）虚心好学，团结同事，培养自己的团队合作能力	（1）与实习单位签订安全、保密协议 （2）基本任务是每人独立编制在 500 万及以上的含建筑、装饰、安装工程内容的投标报价 （3）拓展任务是按照实习单位下达的实战要求，完成编制投标报价的部分工作 （4）每个实习点由 2～3 名学生组成实习小组 （5）每个实习点配置 1～2 名实习单位的指导教师 （6）每 10 个实习点配置 1～2 名学校指导教师

4.3.3 工程结算编制实习内容及要求

工程结算编制实习内容及要求　　　　　　　　　　　　　　　　　　　　　　　　附表 3-3

序号	实习项目	实习内容	实习目标	实习要求
	工程结算编制	（1）熟悉工程所在地的计价定额和费用定额 （2）熟悉工程所在地的人工、材料、机械台班市场单价 （3）熟悉工程变更资料 （4）熟悉《建设工程工程量计算规范》、《房屋建筑与装饰工程工程量计算规范》、《通用安装工程工程量计算规范》的内容 （5）熟悉工程投标报价的内容 （6）熟悉工程结算的编制程序	（1）遵守《中华人民共和国招标投标法》、《中华人民共和国建筑法》，执行《建设工程工程量清单计价规范》、《房屋建筑与装饰工程工程量计算规范》，《通用安装工程工程量计算规范》编制造价文件 （2）掌握编制建筑工程和装饰工程结算的技能 （3）掌握编制安装工程结算的技能 （4）工程量调整 （5）人工单价、机械台班单价、材料单价调整 （6）综合单价调整 （7）措施项目费调整 （8）其他项目费调整 （9）规费和税金调整 （10）能按照国家保密法要求不泄密有保密要求的图纸资料 （11）能吃苦耐劳、勤奋敬业、细致认真、精益求精地完成实习任务 （12）能遵守实习单位的各项纪律和规定 （13）不接收利益方的招待和财物 （14）实事求是，不弄虚作假 （15）虚心好学，团结同事，培养自己的团队合作能力	（1）与实习单位签订安全、保密协议 （2）基本任务是每人独立编制单项工程造价在 500 万及以上的含建筑、装饰、安装工程内容的工程结算造价 （3）拓展任务是按照实习单位下达的实战要求，完成编制工程结算部分工作 （4）每个实习点由 2～3 名学生组成实习小组 （5）每个实习点配置 1～2 名实习单位的指导教师 （6）每 10 个实习点配置 1～2 名学校指导教师

4.4 指导教师配备

4.4.1 学校指导教师配备

（1）每 20 名实习学生配备 1 名学校指导教师。

学校指导教师主要负责检查学生在实习期间的实习工作与生活情况。包括做好学生的思想工作、了解学生在实习岗位的收获；解答学生实习中遇到问题；回答学生在生活方面的咨询。

（2）每 40 名实习学生配备 1 名安装专业教师。

安装专业教师负责回答在安装工程造价岗位实习学生提出的各种专业问题。

（3）学校指导教师应达到中级职称或者获得国家有关工程造价及工程管理类执业资格。

4.4.2 企业指导教师配备

（1）学生到学校与企业建立的校企合作实习基地顶岗实习时，企业应对每 2 名及以下实习学生派一名指导教师。

（2）企业指导教师应在工程造价专业工作岗位上工作 3 年及以上年限，应是中级职称或者获得国家工程造价及工程管理类执业资格。

4.5 实 习 考 核

4.5.1 学校应与顶岗实习基地（岗位）共同建立对学生的顶岗实习考核制度，共同制定实习评价标准。

4.5.2 顶岗实习考核应由学校组织，学校、企业、顶岗实习学生共同实施，以企业考核为主。

4.5.3 顶岗实习成绩根据学生提交的实习资料、顶岗实习报告，实习单位指导教师意见、学校实习指导教师意见、顶岗实习校内答辩等方面综合评定。

（1）企业指导教师评分：根据学生在业务、纪律等方面的表现予以评定，评定成绩占总成绩 60%。

（2）学校实习指导教师评分：根据指导过程了解的具体情况、班主任（辅导员）联系过程掌握的情况、学生实习报告等予以评定，评定成绩占总成绩 40%。

4.5.4 考核评价

顶岗实习综合成绩考核分为优秀、良好、中等、及格和不及格五个等级，成绩总体评价不及格者，需重新完成顶岗实习任务、经考核及格后方可毕业。

优秀：该生实习期间表现优秀，业务能力强，遵守单位和学院的各项管理制度，企业评价高，认真填写实习报告，综合成绩优。

良好：该生实习期间表现良好，业务能力较强，遵守单位和学院的各项管理制度，企业评价较高，认真填写实习报告，综合成绩良好。

中等：该生实习期间表现较好，有一定的业务能力，遵守单位和学院的各项管理制度，企业评价较好，实习报告符合要求，综合成绩中。

及格：该生能按照学院要求参加顶岗实习，能在指导教师帮助下完成相应的业务，基本遵守单位和学院的各项管理制度，企业评价合格，实习报告基本符合要求，综合成绩及格。

不及格：该生顶岗实习期间表现差，企业评价不合格，实习报告不完整，综合成绩不及格。

5 实 习 组 织 管 理

5.1 一 般 规 定

5.1.1 学校、企业和学生本人应订立三方协议，规范各方权利和义务。

5.1.2 学生实习期间，必须按国家有关规定购买意外伤害保险。

5.1.3 顶岗实习前，学校、顶岗实习基地（单位）应对学生进行以下教育培训：

1 安全教育；

2 保密制度教育；

3 组织纪律教育。

5.1.4 应优先满足用人单位的要求，安排已与企业签约的学生应邀到用人单位实习。

5.1.5 顶岗实习应由学校和实习单位共同管理，管理细则及办法由顶岗实习协议确定。

5.2 各方权利和义务

5.2.1 学校应享有的权利和应履行的义务

1 负责顶岗实习基地的规划和建设，根据专业性质的不同，建立数量适中、布点合理、稳定的顶岗实习基地。

2 根据专业培养方案，为学生安排符合要求的顶岗实习岗位。

3 全面负责顶岗实习的组织、实施和管理。

4 配备责任心强、有实践经验的顶岗实习指导教师和管理人员。

5 对顶岗实习基地（单位）的指导教师进行必要的培训。

6 根据顶岗实习单位的要求，优先向其推荐优秀毕业生。

5.2.2 顶岗实习基地（单位）应享有的权利和应履行的义务

1 建立顶岗实习管理机构，安排固定人员管理顶岗实习工作，并选派有经验的专业务人员担任顶岗实习指导教师，承担业务指导的主要职责。

2 负责对顶岗实习学生工作时间内的管理。

3 参与制定顶岗实习计划。

4 为顶岗实习学生提供必要的工作、学习及生活条件，提供或借用劳动防护用品。

5 享有优先选聘顶岗实习学生的权利。

6 依法保障顶岗实习学生的休息休假和劳动安全卫生。

5.2.3 顶岗实习学生应享有的权利和应履行的义务

1 遵守国家法律法规和顶岗实习基地（单位）规章制度，遵守实习纪律。

2 服从领导和工作安排，尊重、配合指导教师的工作，及时反馈实习的意见和建议，与顶岗实习基地（单位）员工团结协作。

3 认真执行工作程序，严格遵守安全操作规程。

4 依法享有休息休假和劳动保护权利。

5 遵守保密规定，不泄露顶岗实习基地（单位）的技术、财务、人事、经营等机密。

6 学生在顶岗实习期间所形成的一切工作成果均属顶岗实习基地（单位），将其应用于顶岗实习工作以外的任何用途，均需顶岗实习基地（单位）的同意。

5.3 实 习 过 程 管 理

5.3.1 实习过程管理

1 学生每日须撰写实习日志，每月撰写月总结，实习结束撰写顶岗实习报告。

2 实习日志要认真记录顶岗实习内容和收获，每天字数不得少于100字。

3 实习月总结，不少于500字。每月总结需单位指导教师批阅并签字。

4 顶岗实习报告，不少于3000字。顶岗实习报告需单位指导教师批阅并签字，实习单位盖鲜章。

5 实习日志、实习月总结、顶岗实习报告格式必须由学校统一制定。

5.3.2 学校根据实习管理要求宜建立顶岗实习管理网站。

5.4 实 习 安 全 管 理

5.4.1 安全管理

1 实习学生须参加顶岗实习安全动员大会及安全交底会议，并签署"顶岗实习安全协议"。

2 对学生进行加强自我保护与防范意识，注意防盗、防骗的教育。

3 指导教师应常提醒学生注意饮食卫生及交通、财物、人身安全，增强自我保护意识，切实做好自身安全工作。

4 学生遇到突发情况应及时与实习单位、所在地派出所等公安机构及家长、学校教师联系。

5.4.2 纪律要求

1 严格按照"××学校顶岗实习安全须知"的要求，注意实习期间生产、生活、交通等方面的安全。

2 严格遵守实习单位的劳动纪律、安全纪律及安全规范。

3 严格遵守国家法律法规、遵守社会公共秩序。

5.4.3 顶岗实习应建立应急预案

为了确保学生顶岗实习期间的交通、生命财产的安全，维护正常的顶岗实习教学秩序，最大限度降低突发性事件的危害，依据相关法律、法规、规章的要求，按照"预防为主，安全第一"的原则，学校应建立学生顶岗实习期间学生活动安全责任预警方案，减少伤害事故，为学生健康成长提供制度保障。

5.5 实习经费保障

5.5.1 学校经费保障

顶岗实习学期将收取学生学费的一部分作为支付企业安排顶岗实习的费用。

5.5.2 企业经费保障

企业应有建立企业的人才储备库的总体目标和思想，建立学生顶岗实习基金，为学生顶岗实习提供经费支持。

5.5.3 实习经费支付

实习经费支付范围包括：学生实习期间的交通费、生活补助费、保险费；学校指导教师的交通费、保险费、生活补助费；企业指导教师的指导费、交通费等。

附录 A　本标准用词说明

为了便于在执行本标准条文时区别对待，对要求严格程度不同的用词说明如下：

1. 表示很严格，非这样做不可的用词：

正面词采用"必须"；反面词采用"严禁"。

2. 表示严格，在正常情况下均应这样做的用词：

正面词采用"应"；反面词采用"不应"或"不得"。

3. 表示允许稍有选择，在条件许可时首先应这样做的用词：

正面词采用"宜"或"可"；反面词采用"不宜"。

3.2　高等职业教育安装工程造价专业顶岗实习标准

1　总　　则

1.0.1 为了推动安装工程造价专业校企合作、工学结合人才培养模式改革，保证顶岗实习效果，提高人才培养质量，特制定本标准。

1.0.2 本标准依据安装工程造价专业学生的专业能力和知识的基本要求制定，是《高职高专教育安装工程造价专业教学基本要求》的重要组成部分。

1.0.3 本标准是学校组织实施安装工程造价专业顶岗实习的依据，也是学校、企业合作建设安装工程造价专业顶岗实习基地。

1.0.4 安装工程造价专业顶岗实习应达到的教学目标是：

(1) 遵纪守法、实事求是、不编制虚假造价文件。

(2) 勤奋敬业、细致认真、精益求精工作作风。

(3) 会编制建筑安装施工图预算、工程量清单、投标报价、工程结算。

(4) 按照国家保密法要求不泄密有保密要求的图纸资料。

(5) 培养谦虚谨慎、戒骄戒躁、团队合作的能力。

1.0.5 安装工程造价专业的顶岗实习，除应执行本标准外，尚应执行《安装工程造价专业教学基本要求》的有关规定。

2 术　语

2.0.1 顶岗实习

指职业院校根据专业培养目标要求，组织学生以准员工的身份进入企（事）业等单位专业对口的工作岗位，直接参与实际工作过程，完成一定工作任务，以获得初步的岗位工作经验、养成正确职业素养的一种实践性教学形式。

2.0.2 顶岗实习基地

指具有独立法人资格，具备接收一定数量学生顶岗实习的条件，愿意接纳顶岗实习，并与学校具有稳定合作关系的企（事）业等单位。

2.0.3 实习经费

实习经费包括由学校和企业支出的两部分费用。学校支出费用主要是指配备指导教师和管理学生发生的各项费用；企业支出费用主要是指为顶岗实习学生提供实习条件和配备指导教师发生的各项费用。

2.0.4 指导教师

指导教师包括企业指导教师和学校指导教师，是指学生在顶岗实习阶段根据培养目标要求配置的专业教师。

3 实习基地条件

3.1 一般规定

3.1.1 学校应建立稳定的顶岗实习基地。顶岗实习基地应建立在具有独立法人资格、自愿接纳顶岗实习的施工、房地产、造价咨询、工程管理咨询等企事业单位。

3.1.2 顶岗实习基地应具备的基本条件

(1) 有常设的实习管理机构和专职管理人员。

(2) 有健全的实习生管理制度、办法。

(3) 有完备的劳动保护和职业卫生条件。

3.1.3 顶岗实习基地应有完善的任务书和指导书

(1) 有按专业培养方案要求制定的顶岗实习的任务书。

(2) 有按与职业资格工作内容相结合的岗位工作指导书。

3.2 资 质 与 资 信

3.2.1 实习基地应具有建筑安装工程总承包二级及以上资质的施工企业；国家乙级及以上的工程造价资质咨询企业；国家乙级及以上的招标代理企业、工程项目管理企业、工程监理企业。

3.2.2 实习基地的企事业单位应具有良好的银行信誉、工程质量信誉和社会信誉。

3.3 场 地 与 设 施

3.3.1 实训场地

(1) 具有两万平方米及以上建筑面积的工程项目部。

(2) 具有可以提供 10 人及以上独立承揽工程的分公司及以上施工企业。

(3) 具有可以提供 10 人及以上工程造价咨询、工程项目管理、招标代理企业。

3.3.2 实训设施

(1) 企业有建筑市场主流使用的工程造价计量与计价软件。

(2) 企业可以提供建筑、装饰、安装、钢筋等工程量计算软件运行的计算机 10 台。

(3) 企业备有常用的建筑工程、装饰工程、安装工程的国家标准图集和建设工程所在地的标准图集。

3.4 岗 位 与 人 员

3.4.1 学生主要在造价员岗位实习。

3.4.2 每个企业应接收 10 人及以上的实习学生。

4 实习内容与实施

4.1 一 般 规 定

4.1.1 学校应根据顶岗实习内容选择适宜的工程项目。

4.1.2 顶岗实习岗位应包括造价员、预算员、施工员，并宜包括资料员、工程招标投标与合同管理等岗位相关管理工作。

4.1.3 顶岗实习应包括施工图概预算编制、工程量清单编制、清单报价编制、工程结算编制等工作，并宜包括招标投标文件编制、工程资料管理等工作。

4.2 实 习 时 间

4.2.1 顶岗实习时间不应少于一学期，宜安排在第六学期进行。各学校宜利用假期等适当延长定岗实习时间。

4.2.2 各岗位实习时间不宜少于时间不宜少于 8 周；工程结算工作实习不宜少于 4 周；其余实习岗位不宜少于 4 周。

4.3 实 习 内 容 及 要 求

4.3.1 施工图预算（概算）编制岗位的实习内容及要求应符合附表 3-4 的要求。

施工图预算（概算）编制岗位的实习内容及要求 附表 3-4

序号	实习项目	实习内容	实习目标	实习要求
1	施工图预算（概算）编制	（1）熟悉建筑安装工程所在地的计价定额和费用定额 （2）熟悉工程所在地的费用划分及计算方法 （3）根据初步设计施工图、概算（预算）定额和地区费用定额编制设计概算 （4）根据施工图和预算定额，计算定额工程量；根据定额工程量、地区预算定额、地区材料单价、地区施工机具单价和费用定额，计算分部分项工程费、措施项目费、其他项目费、规费和税金	1）遵守《中华人民共和国招标投标法》、《中华人民共和国建筑法》，执行《建设工程工程量清单计价规范》、《房屋建筑与装饰工程工程量计算规范》、《通用安装工程工程量计算规范》编制造价文件 2）掌握编制设计概算的技能 3）掌握编制施工图预算的技能 4）能按照国家保密法要求不泄密有保密要求的图纸资料 5）能吃苦耐劳、勤奋敬业、细致认真、精益求精地完成实习任务 6）能遵守实习单位的各项纪律和规定 7）不接收利益方的招待和财物 8）实事求是，不弄虚作假 9）虚心好学，团结同事，培养自己的团队合作能力	①遵守《中华人民共和国招标投标法》、《中华人民共和国建筑法》，执行《建设工程工程量清单计价规范》、《房屋建筑与装饰工程工程量计算规范》、《通用安装工程工程量计算规范》编制造价文件 ②掌握编制设计概算的技能 ③掌握编制施工图预算的技能 ④能按照国家保密法要求不泄密有保密要求的图纸资料 ⑤能吃苦耐劳、勤奋敬业、细致认真、精益求精地完成实习任务 ⑥能遵守实习单位的各项纪律和规定 ⑦不接收利益方的招待和财物 ⑧实事求是，不弄虚作假 ⑨虚心好学，团结同事，培养自己的团队合作能力

4.3.2 投标报价编制实习内容及要求

投标报价编制实习内容及要求岗位的实习内容及要求 附表 3-5

序号	实习项目	实习内容	实习目标	实习要求
1	工程量清单及投标报价编制	（1）熟悉工程所在地的计价定额和费用定额 （2）熟悉工程所在地的人工、材料、机械台班市场单价 （3）熟悉招标文件的编制内容 （4）熟悉《建设工程工程量计算规范》、《房屋建筑与装饰工程工程量计算规范》、《通用安装工程工程量计算规范》的内容 （5）熟悉招标工程量清单的编制内容 （6）熟悉编制拟建工程招标控制价、投标报价的程序	（1）遵守《中华人民共和国招标投标法》、《中华人民共和国建筑法》，执行《建设工程工程量清单计价规范》、《房屋建筑与装饰工程工程量计算规范》、《通用安装工程工程量计算规范》编制造价文件 （2）掌握编制建筑工程和装饰工程招标控制价、投标报价的技能 （3）掌握编制安装工程招标控制价、投标报价的技能 （4）掌握人工单价、机械台班单价、材料单价编制方法 （5）掌握综合单价编制方法 （6）掌握措施项目费计算方法 （7）掌握其他项目费计算方法 （8）掌握规费和税金计算方法 （9）能按照国家保密法要求不泄密有保密要求的图纸资料 （10）能吃苦耐劳、勤奋敬业、细致认真、精益求精地完成实习任务 （11）能遵守实习单位的各项纪律和规定 （12）不接收利益方的招待和财物 （13）实事求是，不弄虚作假 （14）虚心好学，团结同事，培养自己的团队合作能力	（1）与实习单位签订安全、保密协议 （2）基本任务是每人独立编制在 500 万及以上的含建筑、装饰、安装工程内容的投标报价 （3）拓展任务是按照实习单位下达的实战要求，完成编制投标报价的部分工作 （4）每个实习点由 2～3 名学生组成实习小组 （5）每个实习点配置 1～2 名实习单位的指导教师 （6）每 10 个实习点配置 1～2 名学校指导教师

4.3.3 工程结算编制实习内容及要求

工程结算编制实习内容及要求岗位的实习内容及要求 附表 3-6

序号	实习项目	实习内容	实习目标	实习要求
1	工程结算编制	（1）熟悉工程所在地的计价定额和费用定额 （2）熟悉工程所在地的人工、材料、机械台班市场单价 （3）熟悉工程变更资料 （4）熟悉《建设工程工程量计算规范》、《房屋建筑与装饰工程工程量计算规范》、《通用安装工程工程量计算规范》的内容 （5）熟悉工程投标报价的内容 （6）熟悉工程结算的编制程序	（1）遵守《中华人民共和国招标投标法》、《中华人民共和国建筑法》，执行《建设工程工程量清单计价规范》、《房屋建筑与装饰工程工程量计算规范》、《通用安装工程工程量计算规范》编制造价文件 （2）掌握编制建筑工程和装饰工程招标控制价、投标报价的技能 （3）掌握编制安装工程招标控制价、投标报价的技能 （4）掌握人工单价、机械台班单价、材料单价编制方法 （5）掌握综合单价编制方法 （6）掌握措施项目费计算方法 （7）掌握其他项目费计算方法 （8）掌握规费和税金计算方法 （9）能按照国家保密法要求不泄密有保密要求的图纸资料 （10）能吃苦耐劳、勤奋敬业、细致认真、精益求精地完成实习任务 （11）能遵守实习单位的各项纪律和规定 （12）不接收利益方的招待和财物 （13）实事求是，不弄虚作假 （14）虚心好学，团结同事，培养自己的团队合作能力	（1）与实习单位签订安全、保密协议 （2）基本任务是每人独立编制在 500 万及以上的含建筑、装饰、安装工程内容的投标报价 （3）拓展任务是按照实习单位下达的实战要求，完成编制投标报价的部分工作 （4）每个实习点由 2～3 名学生组成实习小组 （5）每个实习点配置 1～2 名实习单位的指导教师 （6）每 10 个实习点配置 1～2 名学校指导教师

4.4 指 导 教 师 配 备

4.4.1 学校指导教师配备

（1）每 20 名实习学生配备 1 名学校指导教师。

学校指导教师主要负责检查学生在实习期间的实习工作与生活情况。包括做好学生的思想工作、了解学生在实习岗位的收获；解答学生实习中遇到问题；回答学生在生活方面的咨询。

（2）每 40 名实习学生配备 1 名安装专业教师。

安装专业教师负责回答在安装工程造价岗位实习学生提出的各种专业问题。

（3）学校指导教师应达到中级职称或者获得国家有关工程造价及工程管理类执业资格。

4.4.2 企业指导教师配备

（1）学生到学校与企业建立的校企合作实习基地顶岗实习时，企业应对每 2 名及以下实习学生派一名指导教师。

（2）企业指导教师应在工程造价专业工作岗位上工作 3 年及以上年限，应是中级职称或者获得国家工程造价及工程管理类执业资格。

4.5 实 习 考 核

4.5.1 学校指导教师配备

（1）每 20 名实习学生配备 1 名学校指导教师。

学校指导教师主要负责检查学生在实习期间的实习工作与生活情况。包括做好学生的思想工作、了解学生在实习岗位的收获；解答学生实习中遇到问题；回答学生在生活方面的咨询。

（2）每 40 名实习学生配备 1 名安装专业教师。

安装专业教师负责回答在安装工程造价岗位实习学生提出的各种专业问题。

（3）学校指导教师应达到中级职称或者获得国家有关工程造价及工程管理类执业资格。

4.4.2 企业指导教师配备

（1）学生到学校与企业建立的校企合作实习基地顶岗实习时，企业应对每 2 名及以下实习学生派一名指导教师。

（2）企业指导教师应在工程造价专业工作岗位上工作 3 年及以上年限，应是中级职称或者获得国家工程造价及工程管理类执业资格。

5 实习组织管理

5.1 一般规定

5.1.1 学校、企业和学生本人应订立三方协议，规范各方权利和义务。

5.1.2 学生实习期间应按国家有关规定购买意外伤害保险，其费用分摊比例根据校企协议确定。

5.1.3 顶岗实习前，学校、顶岗实习基地（单位）应对学生进行以下教育培训：

（1）安全教育；

（2）保密制度教育；

（3）组织纪律教育。

5.1.4 应优先满足用人单位的要求，安排已与企业签约的学生应邀到用人单位实习。

5.1.5 顶岗实习应由学校和实习单位共同管理，管理细则及办法由顶岗实习协议确定。

5.2 各方权利和义务

5.2.1 学校应享有的权利和应履行的义务是：

（1）负责顶岗实习基地的规划和建设，根据专业性质的不同，建立数量适中、布点合理、稳定的顶岗实习基地。

（2）根据专业培养方案，为学生安排符合要求的顶岗实习岗位。

（3）全面负责顶岗实习的组织、实施和管理。

（4）配备责任心强、有实践经验的顶岗实习指导教师和管理人员。

（5）对顶岗实习基地（单位）的指导教师进行必要的培训。

（6）根据顶岗实习单位的要求，优先向其推荐优秀毕业生。

5.2.2 顶岗实习基地（单位）应享有的权利和应履行的义务是：

（1）建立顶岗实习管理机构，安排固定人员管理顶岗实习工作，并选派有经验的专业务人员担任顶岗实习指导教师，承担业务指导的主要职责。

（2）负责对顶岗实习学生工作时间内的管理。

（3）参与制定顶岗实习计划。

（4）为顶岗实习学生提供必要的工作、学习及生活条件，提供或借用劳动防护用品。

（5）享有优先选聘顶岗实习学生的权利。

（6）依法保障顶岗实习学生的休息休假和劳动安全卫生。

5.2.3 顶岗实习学生应享有的权利和应履行的义务

（1）遵守国家法律法规和顶岗实习基地（单位）规章制度，遵守实习纪律。

（2）服从领导和工作安排，尊重、配合指导教师的工作，及时反馈实习的意见和建议，与顶岗实习基地（单位）员工团结协作。

（3）认真执行工作程序，严格遵守安全操作规程。

（4）依法享有休息休假和劳动保护权利。

（5）遵守保密规定，不泄露顶岗实习基地（单位）的技术、财务、人事、经营等机密。

（6）学生在顶岗实习期间所形成的一切工作成果均属顶岗实习基地（单位），将其应用于顶岗实习工作以外的任何用途，均需顶岗实习基地（单位）的同意。

5.3 实习过程管理

5.3.1 实习过程管理

（1）学生每日须撰写实习日志，每月撰写月总结，实习结束撰写顶岗实习报告。

（2）实习日志要认真记录顶岗实习内容和收获，每天字数不得少于 100 字。

（3）实习月总结，不少于 500 字。每月总结需单位指导教师批阅并签字。

（4）顶岗实习报告，不少于 3000 字。顶岗实习报告需单位指导教师批阅并签字，实习单位盖鲜章。

（5）实习日志、实习月总结、顶岗实习报告格式必须由学校统一制定。

5.3.2 学校根据实习管理要求宜建立顶岗实习管理网站。

5.4 实习安全管理

5.4.1 安全管理

（1）实习学生须参加顶岗实习安全动员大会及安全交底会议，并签署"顶岗实习安全协议"。

（2）对学生进行加强自我保护与防范意识，注意防盗、防骗教育。

（3）指导教师应常提醒学生注意饮食卫生及交通、财物、人身安全，增强自我保护意识，切实做好自身安全工作。

（4）学生遇到突发情况应及时与实习单位、所在地派出所等公安机构及家长、学校教师联系。

5.4.2 纪律要求

（1）严格按照"××学院顶岗实习安全须知"的要求，注意实习期间生产、生活、交通等方面的安全。

（2）严格遵守实习单位的劳动纪律、安全纪律及安全规范。

（3）严格遵守国家法律法规、遵守社会公共秩序。

5.4.3 顶岗实习应建立应急预案

为了确保学生顶岗实习期间的交通、生命财产的安全，维护正常的顶岗实习的教学秩序，最大限度降低突发性事件的危害，依据相关法律、法规、规章的要求，按照"预防为主，安全第一"的原则，学校应建立学生顶岗实习期间学生活动安全责任预警方案，减少伤害事故，为学生健康成长提供制度保障。

5.5 实 习 经 费 保 障

5.5.1 实习教学经费是指由学校预算安排，属实习教学专项经费，应实行"统一计划、统筹分配、专款专用"的原则。任何单位和个人不得挤占、截留和挪用。

5.5.2 实习教学经费开支范围可包括：校内实习指导教师的交通费、住宿费、补助费，学生意外伤害保险费，实习教学资料费，实习基地的实习教学管理费、参观费、授课酬金等。

5.5.3 鼓励有条件的实习基地向顶岗实习学生支付合理的实习补助。实习补助的标准应当通过签订顶岗实习协议进行约定。不得向学生收取实习押金和实习报酬提成。

附录 A　本导则引用标准

《中华人民共和国招标投标法》

《中华人民共和国建筑法》

《建设工程工程量清单计价规范》GB 50500

《建设工程工程量计算规范》GB 50854

《建设工程项目管理规范》GB/T 50326

附录 B　本导则用词说明

为了便于在执行本导则条文时区别对待，对要求严格程度不同的用词说明如下：

1. 表示很严格，非这样做不可的用词：

正面词采用"必须"；反面词采用"严禁"。

2. 表示严格，在正常情况下均应这样做的用词：

正面词采用"应"；反面词采用"不应"或"不得"。

3. 表示允许稍有选择，在条件许可时首先应这样做的用词：

正面词采用"宜"或"可"；反面词采用"不宜"。

3.3 高职高专教育市政工程造价专业顶岗实习标准

1 总 则

1.0.1 为了推动市政工程造价专业校企合作、工学结合人才培养模式改革，保证顶岗实习效果，提高人才培养质量，特制定本标准。

1.0.2　本标准依据市政工程造价专业学生的专业能力和知识的基本要求制定，是《高职高专教育市政工程造价专业教学基本要求》的重要组成部分。

1.0.3　本标准是学校组织实施市政工程造价专业顶岗实习的依据，也是学校、企业合作建设市政工程造价专业顶岗实习基地参照的标准和依据。

1.0.4　市政工程造价专业顶岗实习应达到的教学目标是：

（1）学习有关施工图预算编制工作的方针、政策和现行的各项规章制度。

（2）编制工程量清单。

（3）编制清单报价。

（4）了解招、投标的实际情况，招、投标程序，招、投标与预算工作的关系及标底、标价的组成等。

（5）了解预算审查的组织，一般方法和主要内容。

（6）在所在单位业务部门有关同志的具体指导下，直接从事施工图预算的编制和审查工作，在有条件的单位进行预算电算化的实习。

（7）了解竣工结算的编制方法及有关注意事项。

（8）了解施工预算的编制方法。

2　顶　岗　实　习

顶岗实习是指在基本上完成教学实习和学过大部分基础技术课之后，到专业对口的企事业单位直接参与生产过程，综合运用本专业所学的知识和技能，以完成一定的生产任务，并进一步获得感性认识，掌握操作技能，学习企业管理，养成正确劳动态度的一种实践性教学形式。

3　实　习　基　地　条　件

3.1　一　般　规　定

3.1.1　学校应建立稳定的顶岗实习基地。顶岗实习基地应建立在具有独立法人资格、自愿接纳顶岗实习的市政公用工程施工总承包和专业承包单位。

3.1.2　顶岗实习基地应具备以下基本条件：

（1）有常设的实习管理机构和专职管理人员。

（2）有健全的实习生管理制度、办法。

（3）有完备的劳动保护和职业卫生条件。

（4）能提供本专业培养目标相适应的职业岗位，并宜对学生实施轮岗实训。

（5）具备符合学生实训的场所和设施，具备必要的学习及生活条件，并配置专业人员指导学生实训。

3.2 资 质 与 资 信

3.2.1 顶岗实习单位应选择二级及以上资质的市政工程施工总承包和专业承包企业、乙级及以上工程造价咨询单位。

3.2.2 顶岗实习单位应选择资信良好的单位。

3.3 场 地 与 设 施

3.3.1 顶岗实习单位必须有能满足实习学生进行工程造价实习，手工编制工程预算、清单计价等的场地。

3.3.2 顶岗实习单位应当有能满足实习学生进行电算化的电脑等设备。

3.4 岗 位 与 人 员

3.4.1 顶岗实习单位应当设有市政造价员、资料员、招标投标员等岗位，以方便实习学生进行专业的顶岗实习，并配置专业人员指导学生实训。

4 实习内容与实施

4.1 一 般 规 定

4.1.1 学校应根据顶岗实习内容选择适宜的工程项目。

4.1.2 顶岗实习岗位应包括市政造价员，并宜包括市政资料员、招标投标员。

4.2 实 习 时 间

4.2.1 顶岗实习时间不应少于一学期，宜安排在第三年的第 2 学期。各学校宜利用假期等适当延长定岗实习时间。

4.2.2 各岗位实习时间不宜少于 8 周。

4.3 实习内容及要求

4.3.1 市政造价员岗位的实习内容及要求应符合附表 3-7 的要求。

市政造价员岗位的实习内容及要求　　　　　　　　　　　　　附表 3-7

序号	实习项目	实习内容	实习目标	实习要求
1	编制市政工程预算文件	根据图纸和招标文件及其他资料编制市政工程预算文件	能运用所学知识编制市政工程预算	按照实习单位和指导老师要求，编制市政工程预算，能达到工作需要

序号	实习项目	实习内容	实习目标	实习要求
2	编制工程量清单计价文件	根据图纸和招标文件及其他资料编制工程量清单计价	能运用所学知识编制工程量清单计价	按照实习单位和指导老师要求，编制工程量清单计价，能达到工作需要
3	编制市政工程结算文件	根据图纸和签证单及其他资料编制市政工程结算文件	能运用所学知识编制市政工程结算	按照实习单位和指导老师要求，编制市政工程结算，能达到工作需要

4.3.2 市政资料员岗位的实习内容及要求应符合附表3-8的要求。

市政资料员岗位的实习内容及要求 附表 **3-8**

序号	实习项目	实习内容	实习目标	实习要求
1	工程项目资料管理	工程项目资料的编制、收集、整理、档案管理	能运用所学知识完成工程项目资料的管理	按照实习单位和指导老师要求，完成工程项目资料管理，能达到工作需要

4.3.3 市政招标投标员岗位的实习内容及要求应符合附表3-9的要求。

市政招标投标员岗位的实习内容及要求 附表 **3-9**

序号	实习项目	实习内容	实习目标	实习要求
1	编制投标文件	协助制作标书及其他投标事宜；招标投标信息的收集，投标文件的制作及标书中涉及的相应工作	能运用所学知识完成投标文件的编制	按照实习单位和指导老师要求，完成投标文件编制，能达到工作需要

4.4 指导教师配备

4.4.1 校内指导老师

校内指导老师，要求按照学生人数1：50进行配置，职称应为讲师及以上，并且具有丰富的专业知识和相应的实践经验。

4.4.2 校外指导老师

校外指导老师，要求按照学生人数1：10进行配置，职称应为工程师及以上，并且具有相应的专业知识和丰富的实践经验。

4.5 实习考核

4.5.1 考核组织

学生在顶岗实习期间，接受学校和企业的双重指导，校企双方要加强对学生实习过程控制和考核，实行以企业为主，学校为辅的考核制度。

4.5.2 评定依据

根据学生提交的相关实习资料情况、毕业实习报告、实习单位指导老师成绩评定、学校实习指导老师成绩评定、辅导员意见等综合评定。

4.5.3 成绩评定

考核分为两部分：一是企业指导老师对学生的考核，占总成绩的 60%；学生的顶岗实习可以在不同的单位或同一单位的不同部门或岗位进行，企业要对学生在每一部门或岗位的发展情况进行考核。二是学校指导老师对学生的实习日志、报告等及时进行批改、检查，给出评价成绩，占总成绩的 40%。

顶岗实习综合成绩考核分为优秀、良好、中等、及格和不及格五个等次。

5 实习组织管理

5.1 一 般 规 定

5.1.1 学校、企业和学生本人应订立三方协议，规范各方权利和义务。

5.1.2 学生实习期间应按国家有关规定购买意外伤害保险，其费用分摊比例根据校企协议确定。

5.2 各方权利和义务

5.2.1 学校应享有的权利和应履行的义务

（1）学校是顶岗实习的组织者，制定本校学生顶岗实习管理办法。

（2）负责与企业、行业联系，拓宽学生顶岗实习和就业岗位渠道。

（3）负责召开顶岗实习动员大会及安全教育，做好宣传动员工作。

（4）与企业合作制订学生顶岗实习规划、程序性文件、各项管理制度及质量评价指标。

（5）建立顶岗实习质量监督管理机制，对实习进展情况进行监督、检查，处理各种突发事件，协调解决实习过程中遇到的重大问题。

（6）组织学生实习成绩的报送和归档。

（7）实习结束后进行实习工作总结。

5.2.2 顶岗实习基地（单位）应享有的权利和应履行的义务

（1）企业是学生顶岗实习期间的管理者，企业应安排指导老师负责学生顶岗实习期间的各项工作。

（2）企业应安排指导老师与学校的指导老师一起制定并贯彻落实实习计划，具体落实顶岗实习任务，做好学生的安全教育工作。

（3）负责学生顶岗实习期间的考勤、业务考核、实习鉴定等工作。

5.2.3 顶岗实习学生应享有的权利和应履行的义务是：

（1）毕业实习的学生具有双重身份，既是学生，又是企业顶岗员工，要服从企业和学校对毕业实习的安排和管理，尊重企业的各级领导、实习指导教师和其他员工。自觉遵守企业和学院的规章制度，做到按时作息，不迟到，不早退，不误工，不做损人利己、有损企业形象和学院声誉的事情。

（2）按照毕业实习计划、工作任务和岗位特点，安排好自己的学习、工作和生活，发扬艰苦奋斗的工作作风和谦虚好学的精神，培养独立工作能力，提高工作技能，按时按质完成各项工作任务。

（3）注意饮食卫生及交通、财物、人身安全，增强自我保护意识，切实做好自身安全工作。

（4）认真填写毕业实习日志和实习报告，并要求企业指导教师签字，内容必须具体，并与专业及专业岗位工作紧密联系。

（5）实习期间应经常与学院指导教师保持联系，主动咨询专业问题，遇到特殊情况要及时向指导教师汇报。

5.3　实 习 过 程 管 理

5.3.1　应认真审查学生的顶岗实习申请，并且每周至少与学生联系一次，进行指导。

5.3.2　对学校安排的实习点每周至少巡回检查 2 次以上；对分散实习学生要通过管理系统、电话、函件等进行指导，每周 1 次以上并如实登记。

5.3.3　要切实做好巡回记录，加强同企业指导教师、学生的沟通交流，掌握学生的思想和工作动态，并及时向学校管理部门汇报学生实习情况。鼓励指导老师到学生比较集中的实习点进行现场指导和检查。

5.4　实 习 安 全 管 理

5.4.1　校企双方应共同制定学生实训安全制度，采取相应措施保证学生实训安全，学校应为学生购买意外伤害保险。

5.4.2　组织毕业实习安全动员大会及安全交底会议，并签署"安全协议"。要求学生注意实习期间生产、生活、交通等方面的安全。严格遵守实习单位的劳动纪律、安全纪律及安全规范。严格遵守国家法律法规、遵守社会公共秩序。加强自我保护与防范意识，注意防盗、防骗。遇到突发情况及时与实习单位、所在地派出所等公安机构及家长、学院老师联系。

5.5　实 习 经 费 保 障

5.5.1　实习教学经费是指由学校预算安排，属实习教学专项经费，应实行"统一计划、统筹分配、专款专用"的原则。任何单位和个人不得挤占、截留和挪用。

5.5.2　实习教学经费开支范围可包括：校内实习指导教师的交通费、住宿费、补助费、学生意外伤害保险费、实习教学资料费、实习基地的实习教学管理费、参观费、授课酬金等。

5.5.3 鼓励有条件的实习基地向顶岗实习学生支付合理的实习补助。实习补助的标准应当通过签订顶岗实习协议进行约定。不得向学生收取实习押金和实习报酬提成。

附录 A 本导则用词说明

为了便于在执行本导则条文时区别对待，对要求严格程度不同的用词说明如下：

1. 表示很严格，非这样做不可的用词：

正面词采用"必须"；反面词采用"严禁"。

2. 表示严格，在正常情况下均应这样做的用词：

正面词采用"应"；反面词采用"不应"或"不得"。

3. 表示允许稍有选择，在条件许可时首先应这样做的用词：

正面词采用"宜"或"可"；反面词采用"不宜"。

3.4 高职高专教育园林工程造价专业顶岗实习标准

1 总 则

1.0.1 为了推动园林工程造价专业校企合作、工学结合人才培养模式改革，保证顶岗实习效果，提高人才培养质量，特制定本标准。

1.0.2 本标准依据园林工程造价专业学生的专业能力和知识的基本要求制定，是《高职高专教育园林工程造价专业教学基本要求》的重要组成部分。

1.0.3 本标准是学校组织实施园林工程造价专业顶岗实习的依据，也是学校、企业合作建设园林工程造价专业顶岗实习基地的标准。

1.0.4 园林工程造价专业顶岗实习应达到教学目标

1. 职业素质

（1）有全新的园林工程造价理念。

（2）具备扎实的专业知识和职业技能。

（3）有良好的职业道德，有遵纪守法的自觉性和按章办事的原则性。

（4）具有良好的沟通能力和工作协调能力。

2. 职业知识

（1）具备本专业所需要的法律法规知识。

（2）具备外语、计算机操作、招标投标文件编制、园林工程等文化基础知识。

（3）具备扎实的专业理论与实践知识。

3. 职业技能

（1）具有造价软件的操作能力。

（2）具有园工程施工管理的实践能力。

（3）具有园林工程造价的实践能力。

（4）具有获取信息及运用知识的能力。

（5）具有学习与创新的能力。

（6）具有交流沟通与协调能力。

4. 职业态度

（1）有良好的职业道德认识，能够理解和掌握社会道德关系以及关于这种社会道德关系的理论、原则、规范。

（2）有良好的职业情感、职业精神，对所从事的职业及服务对象保持充沛的热情。

（3）有良好的职业意志，具有自觉克服困难和排除障碍的毅力和精神。

（4）有良好的职业理想，对所从事的职业未来的发展，保持积极地向往。

5. 职业纪律

（1）遵守国家的法律法规和行业的管理规定。

（2）遵守顶岗实习企业的各项管理制度和规定。

（3）遵守顶岗实习工作的各项操作规程。

（4）服从顶岗实习企业的工作安排，服从顶岗实习企业指导教师的指导和安排。

（5）服从学校顶岗实习指导教师的指导和安排。

6. 企业文化

熟悉并融入顶岗实习企业的企业文化，形成与顶岗实习企业的企业文化相适应的职业行为习惯和企业价值观。

1.0.5 园林工程造价专业的顶岗实习，除应执行本标准外，尚应执行国家的法律法规、行业标准和顶岗实习企业的工作标准，及《高等职业教育园林工程造价专业教学基本要求》的要求。

2 术 语

2.0.1 顶岗实习

指职业院校根据专业培养目标的要求，组织学生以准员工的身份进入企（事）业等单位专业对口的工作岗位，直接参与实际工作过程，完成一定工作任务，以获得初步的岗位工作经验、养成正确职业素养的一种实践性教学模式。

2.0.2 顶岗实习基地

具有独立法人资格，具备接收一定数量学生顶岗实习的条件，愿意接纳顶岗实习，并与学校具有稳定合作关系的企（事）业等单位。

2.0.3 顶岗实习学生

顶岗实习学生是指由高等职业院校按照专业培养目标要求和教学计划安排，组织进入到企（事）业等用人单位的实际工作岗位进行实习的在校学生。

2.0.4 顶岗实习指导教师

顶岗实习指导教师分为顶岗实习基地指导教师和学校顶岗实习指导教师。顶岗实习基地指导教师是由顶岗实习基地安排的、负责顶岗实习学生是工作安排、指导和带教的工作人员，一般应为顶岗实习基地的部门经理或主管。学校顶岗实习指导教师是由学校安排的、负责顶岗实习学生的实习情况了解和问题处理，及学校与顶岗实习基地沟通和联络的专任教师，一般应为讲师及讲师以上职称的教师。

3 实 习 基 地 条 件

3.1 一 般 规 定

3.1.1 学校应建立稳定的顶岗实习基地。顶岗实习基地应建立在符合顶岗实习条件的具有独立法人资格、自愿接纳顶岗实习的园林工程造价企业单位。

3.1.2 顶岗实习基地应具备的条件

1. 有专门的实习管理机构和管理人员。

2. 有健全的实习管理制度。

3. 有完备的劳动安全保障和职业卫生条件。

3.1.3 顶岗实习基地应能提供与本专业培养目标相适应的职业岗位，并宜对学生实施轮岗实训。

3.1.4 顶岗实习基地应具备符合学生实习的场所和设施，具备必要的学习及生活条件，并配置具有指导能力、具有中级及以上专业技术职务的专业人员指导学生顶岗实习。

3.2 资 质 与 资 信

3.2.1 顶岗实习基地的资质应满足园林工程造价企业二级及二级以上企业资质的要求。

3.2.2 一些所经营和管理状况良好、具备优质资源、自愿接纳学生顶岗实习的园林造价企业，也可作为顶岗实习基地。

3.3 场 地 与 设 施

3.3.1 顶岗实习基地应比照自身相应岗位员工在工作工程中所具备的场地与设施标准，向顶岗实习学生提供顶岗实习的场地与设施条件。

3.3.2 顶岗实习学生在顶岗实习过程中应具备具有能够满足其完成顶岗实习工作的场地与设施条件。

3.4 岗 位 与 人 员

3.4.1 顶岗实习基地应具备能够一次性接纳 5 人以上的顶岗实习的规模。

3.4.2 顶岗实习基地至少应具有园林工程造价、园林工程管理等 2 个及以上的工作岗位能够提供给学生在不同岗位上进行顶岗实训。

4 实习内容与设施

4.1 一 般 规 定

4.1.1 学校应根据顶岗实习内容选择适宜的顶岗实习项目。

4.1.2 顶岗实习的内容和时间安排应与专项技能实训、综合实训有机衔接。

4.1.3 顶岗实习岗位应包括园林工程造价算员、园林工程管理岗位，并宜包括部门经理（主管）助理等岗位。

4.2 实 习 时 间

4.2.1 顶岗实习时间不少于一学期，宜安排在第 5 和第 6 学期。各学校宜利用假期等适当延长顶岗实习时间。

4.2.2 各岗位实习时间不宜少于 2 个月。

4.3 实习内容及要求

4.3.1 园林工程造价专业岗位的实习内容及要求应符合附表 3-10 的要求

园林工程造价专业岗位的实习内容及要求   附表 3-10

序号	实习项目	实习内容	实习目标	实习要求
1	造价服务	（1）投资估算 （2）设计概算 （3）施工图预算 （4）工程结算 （5）工程决算	（1）熟悉工程造价的工作内容和过程 （2）掌握工程造价工作的要求 （3）培养和提高造价服务工作的技能	（1）服从顶岗实习基地各项管理制度和要求 （2）服从顶岗实习基地指导教师的指导和工作安排 （3）严格按照相关工作的工作规程完成工作 （4）工作过程中善于学习，勤于思考，积极主动，处理和协调好人际关系 （5）认真完成每天每项工作的工作记录（工作日志）

序号	实习项目	实习内容	实习目标	实习要求
2	招标投标管理	（1）招标服务管理 （2）投标服务管理 客户投诉处理 （3）资料与信息管理	（1）熟悉招标服务岗位的工作内容和过程 （2）掌握招标服务及投标工作的要求 （3）培养和提高招标投标内业员工作的技能	（1）服从顶岗实习基地各项管理制度和要求 （2）服从顶岗实习基地指导教师的指导和工作安排 （3）严格按照相关工作规程完成工作 （4）工作过程中善于学习，勤于思考，积极主动处理和协调好人际关系 （5）认真完成每天每项工作的工作记录（工作日志）
3	施工管理	（1）施工现场技术管理 （2）资料与信息管理	（1）熟悉施工技术员岗位的工作内容和过程 （2）掌握施工技术员工作的要求 （3）培养和提高施工技术员工作的技能	（1）服从顶岗实习基地各项管理制度和要求 （2）服从顶岗实习基地指导教师的指导和工作安排 （3）严格按照相关工作规程完成工作 （4）工作过程中善于学习，勤于思考，积极主动处理和协调好人际关系 （5）认真完成每天每项工作的工作记录（工作日志）
4	工程监理	（1）工程质量管理 （2）工程进度管理 （3）工程安全文明管理 （4）资料及信息管理	（1）熟悉监理员岗位的工作内容和过程 （2）掌握监理员工作的要求 （3）培养和提高监理工作的技能	（1）服从顶岗实习基地各项管理制度和要求 （2）服从顶岗实习基地指导教师的指导和工作安排 （3）严格按照相关工作规程完成工作 （4）工作过程中善于学习，勤于思考，积极主动处理和协调好人际关系 （5）认真完成每天每项工作的工作记录（工作日志）

4.4 指导教师配备

4.4.1 学校指导教师应具备中级及以上的专业技术职称，具有工作实践经验和指导学生顶岗实习的能力，每1位指导教师指导的学生数不宜超过10人。学校指导教师应经常保持与顶岗实习学生的联系，帮助学生处理实习过程中所遇到的问题，做好学校与企业之间的联系与沟通工作。

4.4.2 顶岗实习基地应根据学生所在的顶岗实习部门，至少配备1位主管级或部门经理级的指导教师指导学生顶岗实习。顶岗实习基地指导教师应该合理安排顶岗实习学生的工作，对学生严格要求，悉心指导、关心爱护。

4.5 实 习 考 核

4.5.1 学校应与顶岗实习基地共同建立对学生的顶岗实习考核制度，共同制定实习评价标准。

4.5.2 顶岗实习考核应由学校组织，学校、企业、学生顶岗实习单位共同实施，以企业考核为主。

4.5.3 顶岗实习学生的顶岗实习考核成绩记入毕业成绩，作为评价学生的重要依据。考核结果分优秀、良好、合格和不合格四个等级，学生考核结果在合格及以上者获得学分，学校为其颁发由顶岗实习和学校共同认定《高等职业学校学生顶岗实习经历证书》，并纳入学籍档案。

4.5.4 学校应当做好学生顶岗实习材料的归档工作。顶岗实习教学文件和资料包括：①顶岗实习协议；②顶岗实习计划；③学生顶岗实习报告；④学生顶岗实习成绩；⑤顶岗实习日志；⑥顶岗实习巡回检查记录；⑦顶岗实习考核表、实习经历证明等。

5 实 习 组 织 管 理

5.1 一 般 规 定

5.1.1 学校、企业和学生本人应订立三方协议，规范各方权利和义务。

5.1.2 学生实习期间，必须按国家有关规定购买意外伤害险。

5.1.3 顶岗实习前，学校、顶岗实习基地应对学生进行以下教育培训：

（1）企业的安全与文明管理教育。

（2）企业管理规章制度教育。

（3）企业工作规程教育。

（4）顶岗实习纪律教育。

（5）企业文化教育。

5.1.4 学校与顶岗实习基地应就学生的顶岗实习共同制定顶岗实习教学计划，按照顶岗实习教学计划完成顶岗实习教学任务。顶岗实习计划的内容应包括：实习教学所要达到的总目标、各实习环节、课题内容、形式、程序、时间分配、实习岗位、考核要求及方式方法等。

5.1.5 学生要求自行选择顶岗实习单位的，必须由学生本人提出申请，提供实习单位同意接收该学生顶岗实习的公函及实习协议，并经学校备案后方可进行实习。学校对自行选择顶岗实习单位的学生应定期进行实习过程检查。

5.2 各方权利和义务

5.2.1 学校应享有的权利和应履行的义务

1 进行顶岗实习基地的规划和建设，根据专业性质不同，建立数量适中、布点合理、稳定的顶岗实习基地。

2 根据专业培养方案，为学生提供符合要求的顶岗实习岗位。

3 全面负责顶岗实习的组织、实施和管理。

4 配备责任心强、有实践经验的顶岗实习指导教师和管理人员。

5 对顶岗实习基地的指导教师进行必要的培训。

6 根据顶岗实习单位的要求，优先向其推荐优秀毕业生。

5.2.2 顶岗实习基地应享有的权利和应履行的义务

1 建立顶岗实习管理机构，安排固定人员管理顶岗实习工作，并派有经验的专业人员担任顶岗实习指导教师，承担业务指导的主要职责。

2 负责对顶岗实习学生工作时间内的管理。

3 参与制定顶岗实习计划。

4 为顶岗实习学生提供必要的住宿、工作、学习、生活条件，提供或借用劳动防护用品。

5 享有优先选聘顶岗实习学生的权利。

6 依法保障顶岗实习学生的休息休假和劳动安全卫生。

5.2.3 顶岗实习学生应享有的权利和应履行的义务

1 遵守国家法律法规和顶岗实习基地的规章制度，遵守实习纪律。

2 服从领导和工作安排，尊重、配合指导教师工作，及时对实习提出反馈意见和建议，与顶岗实习基地员工团结协作。

3 认真执行工作程序，严格遵守安全操作规程。

4 依法享有休息休假和劳动保护权利。

5 遵守保密规定，不泄露顶岗实习基地的技术、财务、人事、经营等机密。

6 学生在顶岗实习期间所形成的一切工作成果均属顶岗实习基地，将其应用于顶岗实习工作以外的任何用途，均需顶岗实习基地的同意。

7 顶岗实习学生对在实习期间接触的有关顶岗实习基地研究和工作成果、财务、人事等方面的机密予以保密，如有泄露，顶岗实习学生应承担责任。

8 顶岗实习学生在顶岗实习基地实习期间所产生的一切工作成果均属顶岗实习基地成果，如顶岗实习学生需要将实习期间的工作成果作为研究课题成果的，需与顶岗实习基地协商并征得其同意。

5.3 实 习 过 程 管 理

5.3.1 顶岗实习学生在顶岗实习过程中，学校应当对学生顶岗实习的单位、岗位进行巡视，了解顶岗实习学生实习岗位的工作性质、工作内容、工作时间、工作环境、生活环境以及健康、安全防护等方面的情况。

5.3.2 学校和顶岗实习基地应共同做好顶岗实习期间的教育教学工作，对顶岗实习学生开展职业技能教育，开展敬业爱岗、诚实守信为重点的职业道德教育，开展企业文化教育和安全生产教育。

5.3.3 学校和顶岗实习基地应当建立定期信息通报制度。学校和顶岗实习基地指导教师要定期向学校和顶岗实习基地报告学生顶岗实习情况，遇到重大问题或突发事件，顶岗实习指导教师应及时向学校和顶岗实习基地报告。

5.3.4 学校和顶岗实习基地应做好学生在实习期间的住宿管理，保障学生的住宿安全。

5.3.5 顶岗实习指导教师应当建立顶岗实习日志，定期检查顶岗实习情况，及时处理顶岗实习中出现的有关问题，确保学生顶岗实习工作的正常秩序。

5.3.6 学校应该充分运用现代信息技术，构建信息化顶岗实习管理平台，与顶岗实习基地共同加强顶岗实习过程管理。

5.4 实 习 安 全 管 理

5.4.1 学校和顶岗实习基地应对顶岗实习学生进行安全生产教育和培训，保证顶岗实习学生具备必要的安全生产知识和自我保护能力，掌握本岗位的安全操作技能。未经安全生产教育和培训的顶岗实习学生，不得顶岗作业。

5.4.2 学校应当根据国家有关规定，并针对自身专业设置、教学安排等实际情况，为顶岗实习学生投保与其实习岗位相对应的学生实习责任保险。保险责任范围应当覆盖学生实习活动的全过程。学校与企业达成协议由顶岗实习基地支付投保经费的，顶岗实习基地支付的实习责任保险费据实从顶岗实习基地成本中列支。

5.4.3 顶岗实习基地应当根据接收顶岗实习学生实习的需要，建立、健全本单位的安全生产责任制，制定相关安全生产规章制度和操作规程，制定并实施本单位的生产安全事故应急救援预案，为顶岗实习场所配备必要的安全保障器材。

5.4.4 学校应当与顶岗实习基地协商，为顶岗实习学生提供必需的食宿条件和劳动防护用品，保障学生实习期间的生活便利和人身安全。

5.4.5 顶岗实习期间学生人身伤害事故的赔偿，应当依据《中华人民共和国侵权责任法》和教育部《学生伤害事故处理办法》等有关规定处理。

5.5 实 习 经 费 保 障

5.5.1 学校必须保障顶岗实习经费的落实。在顶岗实习工作开展之前，应当做好顶岗实习经费的预算、审核和落实工作。

5.5.2 顶岗实习经费由财政生均经费支出，主要用于在顶岗实习过程中发生的交通费、办公费、顶岗实习基地建设费、学校和顶岗实习基地指导教师的指导费等。

附录 A　本导则用词说明

为了便于在执行本导则条文时区别对待，对要求严格程度不同的用词说明如下：

1. 表示很严格，非这样做不可的用词：

正面词采用"必须"；反面词采用"严禁"。

2. 表示严格，在正常情况下均应这样做的用词：

正面词采用"应"；反面词采用"不应"或"不得"。

3. 表示允放稍有选择，在条件许可时首先应这样做的用词：

正面词采用"宜"或"可"；反面词采用"不宜"。